高等院校互联网+新形态创新系列教材·计算机系列

大数据平台搭建与维护
(微课版)

汪 忆　王永明　唐 倩　陈国丽　编著

清华大学出版社
北京

内 容 简 介

本书以大数据平台项目场景和工作任务驱动的方式搭建逻辑架构,以大数据平台搭建与维护具体任务活动及工作步骤为核心构建内容体系,全书以工作手册的形式进行编写。本书共包括 6 个项目,介绍了 Linux 系统的安装与配置、Hadoop HDFS 高可用集群搭建、Hadoop YARN 高可用集群搭建与维护、HBase 高可用集群搭建与操作、Hive 数据仓库工具搭建与操作、某电商推荐系统大数据平台搭建案例等内容。本书注重工匠精神的培养及工作任务实施过程中的考核评价,每个项目包含项目工作总结、技能拓展训练、项目综合评价等模块,可以更好地帮助读者按任务活动的工作步骤顺利实施项目,同时能拓展知识面,提高综合能力。

本书结构新颖,内容丰富,将新技术、新规范、新标准融入工作手册,是一本全面了解大数据平台搭建与维护,实施工作步骤的工作手册。

本书既可作为高等院校电子与信息大类各专业大数据平台搭建与维护技术相关课程的教材,也可作为大数据技术工程领域相关技术人员的参考书。

本书封面贴有清华大学出版社防伪标签,无标签者不得销售。
版权所有,侵权必究。举报:010-62782989,beiqinquan@tup.tsinghua.edu.cn。

图书在版编目(CIP)数据

大数据平台搭建与维护:微课版 / 汪忆等编著. --北京:清华大学出版社,2024.12.
(高等院校互联网+新形态创新系列教材). -- ISBN 978-7-302-67836-6
Ⅰ. TP274
中国国家版本本馆 CIP 数据核字第 20242ZF613 号

责任编辑:孟　攀
装帧设计:杨玉兰
责任校对:李玉茹
责任印制:杨　艳

出版发行:清华大学出版社
　　　　网　　址:https://www.tup.com.cn, https://www.wqxuetang.com
　　　　地　　址:北京清华大学学研大厦 A 座　　　邮　　编:100084
　　　　社 总 机:010-83470000　　　　　　　　　邮　　购:010-62786544
　　　　投稿与读者服务:010-62776969, c-service@tup.tsinghua.edu.cn
　　　　质量反馈:010-62772015, zhiliang@tup.tsinghua.edu.cn
　　　　课件下载:https://www.tup.com.cn, 010-62791865
印 装 者:三河市龙大印装有限公司
经　　销:全国新华书店
开　　本:185mm×260mm　　印　张:14.5　　字　数:352 千字
版　　次:2024 年 12 月第 1 版　　　　　　　印　次:2024 年 12 月第 1 次印刷
定　　价:49.00 元

产品编号:104463-01

前　　言

当今社会，随着信息技术的发展及应用，全球数据呈现出爆发式增长、海量聚集的发展态势。大数据被认为是继信息化和互联网后信息革命的又一次重大飞跃，"跨界、融合、基础、突破"是大数据落地的关键，其在"产业化、行业化、智能化"方面不断赋能实体经济，成为产业关注的重点。"数据驱动"更加深入人心，数据成为新型的生产要素；数据要素市场的培育是重中之重。"数据要素""数据治理""数据安全"成为大数据发展的关键词。

大数据产业是以数据采集、交易、存储、加工、分析、服务为主的各类经济活动，包括数据资源建设、大数据软/硬件产品的开发、销售和租赁活动，以及相关信息技术服务。从整体来看，数据资源、基础设施、数据服务、融合应用、安全保障是大数据产业的五大组成部分，形成了完整的大数据产业生态。其中，大数据基础设施建设非常重要，是实施大数据工程项目的根基。本书作者根据 20 多年的项目开发、实施及高等教育教学经验，以及大数据工程技术项目工作场景、工作任务实施步骤，采用工作手册的形式编写了此书。

本书共分为 6 个项目，各项目内容如下。

项目 1 主要介绍了 Linux 安装环境准备、VMware 的安装与配置、CentOS 7 的安装与克隆等内容。通过本项目工作任务的实施，读者可以按照任务活动的步骤完成 Linux 系统的安装与配置。

项目 2 主要介绍了 Linux 服务器 Hadoop 集群基础环境配置、Hadoop 集群 NameNode 单节点的安装与配置、Hadoop 集群 HDFS HA 的安装与配置等内容。通过本项目工作任务的实施，读者可以按照任务活动的步骤及工作任务验证步骤完成 Hadoop HDFS 高可用集群搭建。

项目 3 主要介绍了 Hadoop 集群 YARN HA 的安装与配置、操作 HDFS 的常用命令与编程方式、Hadoop 集群异常处理与维护等内容。通过本项目工作任务的实施，读者可以按照任务活动的步骤及工作任务验证步骤完成 Hadoop YARN 高可用集群搭建、集群维护及 Java API 编程访问 Hadoop 集群。

项目 4 主要介绍了 HBase 的 HA 搭建、HBase 的常用操作、HBase 常见异常处理与维护等内容。通过本项目工作任务的实施，读者可以按照任务活动的步骤及工作任务验证步骤完成 HBase 高可用集群搭建、常用操作及 HBase 的运行维护。

项目 5 主要介绍了 MySQL 数据库安装、Hive 的安装与配置、Hive 的常用数据操作、Hive 常见异常处理与维护等内容。通过本项目工作任务的实施，读者可以按照任务活动的步骤及工作任务验证步骤完成 Hive 数据仓库工具搭建、操作及常用异常处理与维护。

项目 6 主要介绍了某电商推荐系统大数据平台 Spark 的 YARN 模式集群部署、MongoDB 的安装与客户端连接、Kafka 集群的安装与配置、Redis 的安装与客户端连接、Tomcat 服务器的安装与配置等内容。通过本项目工作任务的实施，读者可以按照任务活动的步骤及工作任务验证步骤完成某电商推荐系统大数据平台的搭建。

本书由重庆城市管理职业学院汪忆、王永明、唐倩、陈国丽编著,具体分工为:项目1、项目2、项目3由汪忆编写,项目4、项目5由王永明编写,项目6的工作任务6.1、工作任务6.2、工作任务6.3由唐倩编写,项目6的工作任务6.4、工作任务6.5由陈国丽、胡飞编写,汪忆负责全书的逻辑框架设计与统稿工作,中国电子系统技术有限公司任冬梅、熊小东参与了本书工作任务的制定工作,重庆城市管理职业学院武飞飞、程书红也参与了本书的资料整理工作。同时,本书在编写过程中得到了各位领导及同事的大力支持与帮助,在此表示衷心的感谢!

本书获得教育部教指委全国高等职业院校信息技术课程教学改革研究项目(KT2024233)、重庆市教委科学技术研究项目(KJZD-K202303302、KJQN202403315)及重庆城市管理职业学院教学创新团队项目资助,是其主要的研究成果。

本书在编写过程中参考了一些文献资料,在此向这些文献的作者表示衷心的感谢!虽然我们在编写过程中进行了精心的设计与组织,但限于经验和水平,书中难免存在疏漏和不足之处,恳请广大读者给予批评和指正。

编 者

目　　录

项目 1　Linux 系统的安装与配置 ... 1

工作任务 1.1　Linux 安装环境准备 ... 2
- 任务活动 1.1.1　磁盘格式化 ... 3
- 任务活动 1.1.2　检测 CPU 虚拟化技术 ... 4
- 任务活动 1.1.3　开启 CPU 虚拟化技术 ... 6

工作任务 1.2　VMware 的安装与配置 ... 9
- 任务活动 1.2.1　安装 VMware Workstation 16 ... 9
- 任务活动 1.2.2　虚拟网络的配置 ... 12
- 任务活动 1.2.3　系统服务及虚拟适配器的启停 ... 14

工作任务 1.3　CentOS 7 的安装与克隆 ... 17
- 任务活动 1.3.1　CentOS 7 的安装 ... 17
- 任务活动 1.3.2　CentOS 7 的克隆 ... 29

项目工作总结 ... 34
技能拓展训练 ... 34
项目综合评价 ... 35

项目 2　Hadoop HDFS 高可用集群搭建 ... 38

工作任务 2.1　Linux 服务器 Hadoop 集群基础环境配置 ... 40
- 任务活动 2.1.1　网卡、主机名与 IP 地址映射配置 ... 41
- 任务活动 2.1.2　Linux 常用命令的安装 ... 44
- 任务活动 2.1.3　Linux 客户端软件工具的配置 ... 44
- 任务活动 2.1.4　阿里云 yum 源配置 ... 51
- 任务活动 2.1.5　升级 OpenSSL 协议 ... 52
- 任务活动 2.1.6　SSH 免密码登录配置 ... 56
- 任务活动 2.1.7　集群时间同步配置 ... 57
- 任务活动 2.1.8　JDK 的安装与配置 ... 59

工作任务 2.2　Hadoop 集群 NameNode 单节点的安装与配置 ... 61
- 任务活动 2.2.1　在主节点上安装与配置 Hadoop ... 67
- 任务活动 2.2.2　在从节点上安装与配置 Hadoop ... 69
- 任务活动 2.2.3　格式化 Hadoop 的 HDFS ... 69

工作任务 2.3　Hadoop 集群 HDFS HA 的安装与配置 ... 75
- 任务活动 2.3.1　ZooKeeper 的安装与配置 ... 77
- 任务活动 2.3.2　HDFS HA 的安装与配置 ... 79
- 任务活动 2.3.3　NameNode 与 ZKFC 格式化 ... 83

项目工作总结 ... 91

技能拓展训练 92
　　项目综合评价 92

项目 3　Hadoop YARN 高可用集群搭建与维护 96

　　工作任务 3.1　Hadoop 集群 YARN HA 的安装与配置 97
　　　　任务活动 3.1.1　停止 Hadoop 集群所有组件服务进程 99
　　　　任务活动 3.1.2　Hadoop YARN HA 的安装与配置 100
　　工作任务 3.2　操作 HDFS 的常用命令与编程方式 110
　　　　任务活动 3.2.1　操作 HDFS 的常用命令 110
　　　　任务活动 3.2.2　Eclipse 集成 Maven 的开发环境搭建与配置 112
　　　　任务活动 3.2.3　Java API 编程方式实现 HDFS 文件读取 115
　　　　任务活动 3.2.4　Java API 编程方式实现 HDFS 文件写入 121
　　　　任务活动 3.2.5　Java API 编写 MapReduce 大数据计算程序 124
　　工作任务 3.3　Hadoop 集群异常处理与维护 133
　　　　任务活动 3.3.1　Hadoop 集群搭建异常处理 133
　　　　任务活动 3.3.2　Hadoop 集群日常维护与管理 135
　　项目工作总结 138
　　技能拓展训练 139
　　项目综合评价 139

项目 4　HBase 高可用集群搭建与操作 143

　　工作任务 4.1　HBase 的 HA 搭建 144
　　　　任务活动 4.1.1　HBase 基础配置 145
　　　　任务活动 4.1.2　搭建 HBase 高可用集群 147
　　工作任务 4.2　HBase 的常用操作 152
　　　　任务活动　HBase shell 操作 153
　　工作任务 4.3　HBase 常见异常处理与维护 159
　　　　任务活动 4.3.1　HBase 集群异常处理 159
　　　　任务活动 4.3.2　HBase 集群日常维护 160
　　项目工作总结 163
　　技能拓展训练 163
　　项目综合评价 164

项目 5　Hive 数据仓库工具搭建与操作 167

　　工作任务 5.1　MySQL 数据库安装 168
　　　　任务活动　MySQL 数据库在线安装 169
　　工作任务 5.2　Hive 的安装与配置 174
　　　　任务活动 5.2.1　Hive 配置搭建 174
　　　　任务活动 5.2.2　客户端 beeline 配置 176
　　工作任务 5.3　Hive 的常用数据操作 181
　　　　任务活动 5.3.1　Hive 基础操作 182

　　　　任务活动 5.3.2　Hive 的数据导入操作 183

　　　　任务活动 5.3.3　导入 HBase 数据到 Hive 184

　　工作任务 5.4　Hive 常见异常处理与维护 187

　　　　任务活动 5.4.1　Hive 搭建异常处理 187

　　　　任务活动 5.4.2　Hive 集群日常维护 188

　　项目工作总结 190

　　技能拓展训练 190

　　项目综合评价 191

项目 6　某电商推荐系统大数据平台搭建案例 194

　　工作任务 6.1　Spark 的 YARN 模式集群部署 195

　　　　任务活动 6.1.1　Spark 集群部署安装 196

　　　　任务活动 6.1.2　Spark 的 YARN 高可用配置 197

　　工作任务 6.2　MongoDB 的安装与客户端连接 200

　　　　任务活动 6.2.1　MongoDB 服务端配置 200

　　　　任务活动 6.2.2　MongoDB 客户端配置 202

　　工作任务 6.3　Kafka 集群的安装与配置 205

　　　　任务活动　Kafka 的安装与配置 206

　　工作任务 6.4　Redis 的安装与客户端连接 210

　　　　任务活动 6.4.1　Redis 服务端的安装 210

　　　　任务活动 6.4.2　Redis 客户端连接 212

　　工作任务 6.5　Tomcat 服务器的安装与配置 214

　　　　任务活动　Tomcat 的搭建与配置 215

　　项目工作总结 218

　　技能拓展训练 218

　　项目综合评价 219

参考文献 222

项目 1　Linux 系统的安装与配置

📖 工作场景描述

　　Linux 是一种免费、开源、多用户、多任务的全功能操作系统，由林纳斯·托瓦兹(Linus Torvalds)于 1991 年发布，并在 GPL 下进行开发。

　　大数据技术的出现，导致待处理的数据量急剧增大，这些数据必须由一种有效的系统来管理，以便进行大数据应用所需的分析。从应用场景来看，Linux 的开放性、稳定性、可访问性和安全性，使其成为建立大数据系统的理想选择。

　　某单位的大数据项目实施时，需要采用虚拟化技术搭建一个基于 Linux 集群的大数据平台。在正式搭建大数据平台之前，需要进行当前服务器计算机虚拟化技术的检测、VMware 虚拟机软件的安装及虚拟化服务器 Linux 系统的安装与配置。当大数据运维工程师接到此任务后，可以按照项目的工作任务进行相关的工作。

📖 工作任务导航

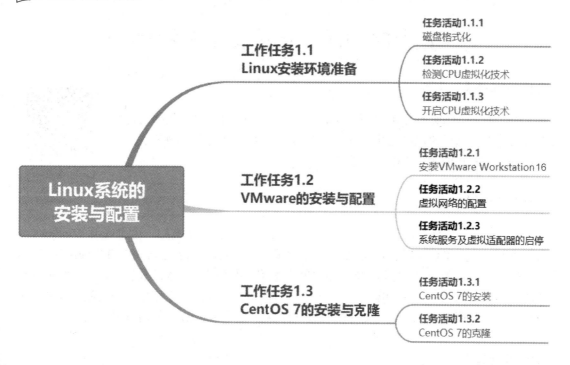

📖 项目任务目标

知识目标

- 理解本项目的工作场景。
- 理解本项目任务实施的先后逻辑关系。

- 了解系统磁盘格式化的不同格式及区别。
- 了解主机虚拟化环境的设置与检测。
- 掌握 VMware 软件的安装与配置。
- 掌握 Linux CentOS 7 系统的安装。
- 掌握 Linux CentOS 7 虚拟机节点服务器的克隆。

技能目标

- 具备根据 Linux 集群搭建的工作场景进行 Linux 安装与配置方案设计的能力。
- 具备 VMware 软件安装与配置的能力。
- 具备 Linux CentOS 7 虚拟机系统安装的能力。
- 具备 Linux CentOS 7 虚拟机节点服务器克隆的能力。

素养目标

- 培养严谨的学习态度与埋头苦干、精益求精的工作态度。
- 培养团队协作、互帮互助的团队精神。
- 培养根据工作场景进行技术解决方案设计的专业素养。
- 培养 Linux 系统安装与配置的专业素养。
- 培养敬业、精益、专注、创新的大国工匠精神。

工作任务 1.1　Linux 安装环境准备

【任务描述】

通过本工作任务的实施，实现 Linux 安装环境的准备，主要包括物理主机磁盘格式化、检测物理主机 CPU 是否支持虚拟化技术及物理主机 CPU 开启虚拟化的主板 BIOS 设置。

Linux 安装环境准备(微课)

【任务分析】

要实现本工作任务，首先，需要了解物理主机的操作系统类型，这里选用 Windows 作为物理主机的操作系统，因此，需要读者了解基于 Windows 的磁盘格式 NTFS、FAT；其次，要了解用什么工具和方法检测物理主机 CPU 是否支持虚拟化技术；最后，要分析物理主机硬件、BIOS 的版本，以及如何进行设置来开启虚拟化。通过本工作任务的实施，读者要举一反三，学会常用的物理主机硬件如何进行检测、设置主机 CPU 开启虚拟化的方法。

【任务准备】

（1）准备一台物理主机，并安装好 Windows 10 或 Windows 11 专业版或教育版操作系统，或者 Windows Server 操作系统。

（2）准备好 SecurAble、Processor Identification Utility 及 CPU-Z 等 CPU 虚拟化技术软件检测工具包。

【任务实施】

任务活动 1.1.1　磁盘格式化

本工作任务的物理主机采用 Windows 系统，因此，存储磁盘格式主要有 NTFS、FAT 及 exFAT 几种。基于 VMware 的 Linux 虚拟机的存储，建议选择 NTFS 格式，因为 NTFS 格式能更好地支持大文件的存储。任务操作步骤如下。

步骤 1：在用于存储 Linux 虚拟机的磁盘图标上右击，然后在弹出的快捷菜单中选择"属性"命令，如图 1-1 所示。在弹出的磁盘属性对话框中检查当前磁盘的文件系统是否为 NTFS 格式，如图 1-2 所示。

图 1-1　选择"属性"命令　　　　　图 1-2　磁盘属性对话框

步骤 2：如果磁盘不是 NTFS 格式，建议格式化磁盘：选择磁盘图标，右击，在弹出的快捷菜单中选择"格式化"命令，在弹出的格式化对话框中，设置"文件系统"为"NTFS(默认)"，选中"快速格式化"复选框，单击"开始"按钮进行格式化，如图 1-3 所示。如果当前磁盘的文件系统已经是 NTFS 格式，则跳过此步骤。磁盘格式化会永久删除磁盘中的文件，格式化之前需做好原有磁盘的文件备份工作。此步骤需谨慎操作。

图 1-3　磁盘格式化对话框

任务活动 1.1.2　检测 CPU 虚拟化技术

基于 VMware 的 Linux 虚拟机的安装需要物理主机支持虚拟化技术，Intel 公司的 CPU 虚拟化技术为 VT-x，AMD 公司的 CPU 虚拟化技术为 AMD-V(SVM)。如果物理主机没有开启 CPU 虚拟化技术，则启动 Linux 系统时会弹出对话框，提示无法在 VMware 中正常启动 Linux，如图 1-4 所示。

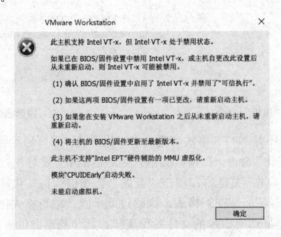

图 1-4　未开启虚拟化的错误提示

我们可以通过 SecurAble、Processor Identification Utility、CPU-Z 等软件工具检测当前物理主机 CPU 是否支持虚拟化技术，检测方法如下。

方法 1：使用 SecurAble 软件工具进行检测。双击 securablexz.exe 文件，在打开软件工具的同时进行检测，如图 1-5 所示。检测结果中，如果 Hardware Virtualization 为"是"，就表示 CPU 支持虚拟化技术；如果检测结果为"否"，则表示当前物理主机 CPU 不支持虚拟化技术。此软件工具可以检测 Intel、AMD 公司的 CPU。

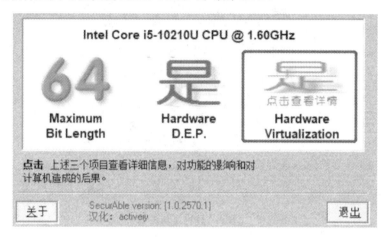

图 1-5　SecurAble 软件工具检测结果

方法 2：使用 Intel 公司的 Processor Identification Utility 软件工具进行检测。此软件工具只能检测 Intel 公司的 CPU，使用之前需要安装。双击此软件工具安装后生成的快捷方式图标，在打开软件工具的同时进行检测，如图 1-6 所示。检测结果中，如果"英特尔®虚拟化技术""具有扩展页表的英特尔®VT-x"选项前面是"√"，就表示当前物理主机 CPU 支持虚拟化技术；如果前述两项前面是"×"，则表示当前物理主机 CPU 不支持虚拟化技术。

图 1-6　Processor Identification Utility 软件工具的检测结果

方法 3：使用 CPU-Z 软件工具进行检测。双击打开此软件工具，以 Intel 公司的 CPU 为例，如图 1-7 所示，在检测结果的对话框中查看指令集是否存在 VT-x 指令。如果存在，表明当前物理主机支持虚拟化技术；反之，则表明当前物理主机不支持虚拟化技术。

此任务活动的方法 1、方法 2、方法 3 根据需要选择其中之一来执行即可，如果检测结果提示不支持虚拟化技术，则需要更换物理主机才能满足本任务的要求。

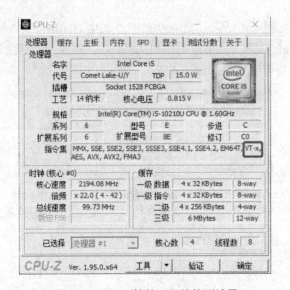

图 1-7　CPU-Z 软件工具的检测结果

如果当前物理主机 CPU 支持虚拟化技术，则通过当前物理主机的任务管理器查看当前 CPU 虚拟化功能是否已启用，如图 1-8 所示。

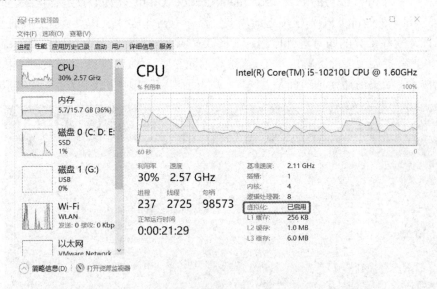

图 1-8　通过 Windows 任务管理器查看 CPU 虚拟化功能是否已启用

任务活动 1.1.3　开启 CPU 虚拟化技术

各品牌的计算机厂商提供的 BIOS 并不统一，因此，进入计算机 BIOS 的快捷键也并不一定相同，并且 BIOS 的界面与菜单也并不相同。此处以物理主机使用 ThinkPad E 系列计算机为例完成本任务的设置，其他品牌计算机 CPU 虚拟化技术的开启请查阅其 BIOS 设置说明。

步骤 1： 打开物理主机电源，然后反复按 F12 键或 Fn+F12 快捷键，进入 BIOS 设置界面，如图 1-9 所示。

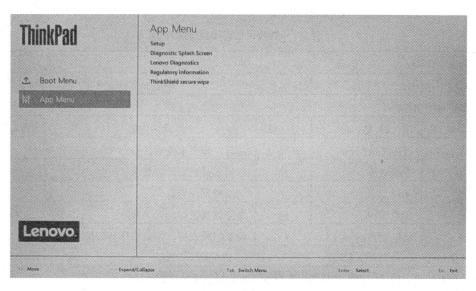

图 1-9　ThinkPad E 系列计算机 BIOS 设置界面

步骤 2：在打开的设置主界面中，依次选择 App Menu、Setup、Security 选项，在打开界面右侧的 Virtualization 选项区中，将如图 1-10 所示的三个关于虚拟化的选项设置为 On，然后按 F10 键保存。

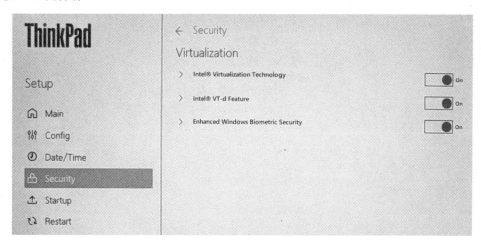

图 1-10　开启 CPU 虚拟化技术

【任务验证】

完成本工作任务的所有操作步骤后，如在 BIOS 设置中能开启虚拟化和正常保存，并且在 Windows 的任务管理器中查看 CPU 虚拟化情况，若显示为"已启用"，则表明本工作任务的步骤正确无误。

【任务评估】

本任务的评估如表 1-1 所示，请根据工作任务的实践情况进行评估。

表 1-1 自我评估与项目小组评价

任务名称						
小组编号		场地号		实施人员		
自我评估与同学互评						
序 号	评估项	分 值	评估内容			自我评价
1	任务完成情况	30	按时、按要求完成任务			
2	学习效果	20	学习效果达到学习要求			
3	笔记记录	20	记录规范、完整			
4	课堂纪律	15	遵守课堂纪律,无事故			
5	团队合作	15	服从组长安排,团队协作意识强			
自我评估小计						
任务小结与反思:通过完成上述任务,你学到了哪些知识或技能?						
组长评价:						

工作任务 1.2　VMware 的安装与配置

【任务描述】

通过本工作任务的实施，实现 VMware 的安装与配置，主要包括 VMware 虚拟机软件的安装、虚拟网络的配置，以及系统服务和虚拟适配器的启停。

VMware 的安装与配置(微课)

【任务分析】

要实现本工作任务，首先，需要了解 VMware 虚拟机软件。VMware Fusion 是面向 Mac 操作系统的虚拟机软件，VMware Workstation 是面向 Windows 和 Linux 操作系统的虚拟机软件。因此，读者在执行本工作任务时需要根据物理主机的操作系统类型下载对应的 VMware 版本的虚拟机软件；此外，本工作任务需要对虚拟网络的 NAT 模式、DHCP(动态主机配置协议)进行配置，需要根据工作任务设计与配置好虚拟网络名称、虚拟网络子网 IP；此虚拟网络是基于 Linux 虚拟机集群与物理主机通信、Linux 集群各节点机器之间互相通信的网络。本工作任务的实施可以为后续搭建大数据集群提供虚拟机及虚拟网络环境。

【任务准备】

(1) 准备好工作任务 1.1 的物理主机一台。
(2) 准备好 VMware Workstation 16 虚拟机软件安装包。

【任务实施】

任务活动 1.2.1　安装 VMware Workstation 16

安装 VMware Workstation 16 的过程比较简单，步骤如下。

步骤 1：双击 VMware Workstation 16 安装包的.exe 执行文件，在弹出的安装向导界面中单击"下一步"按钮，如图 1-11 所示。

图 1-11　VMware Workstation 16 安装向导

步骤 2：选中"我接受许可协议中的条款(A)"复选框，然后单击"下一步"按钮，如图 1-12 所示。

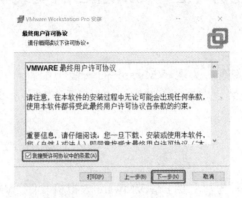

图 1-12 "最终用户许可协议"界面

步骤 3：单击"更改"按钮，选择物理主机的安装位置，一般使用默认安装位置，选中"将 VMware Workstation 控制台工具添加到系统 PATH"复选框，然后单击"下一步"按钮，如图 1-13 所示。

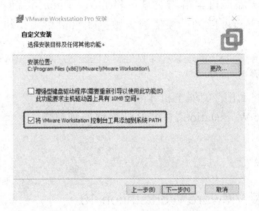

图 1-13 "自定义安装"界面

步骤 4：取消选中"启动时检查产品更新(C)"及"加入 VMware 客户体验提升计划(J)"复选框，也可以保持默认设置，然后单击"下一步"按钮，如图 1-14 所示。

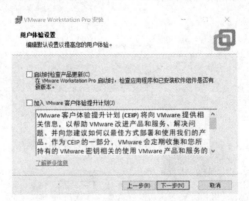

图 1-14 "用户体验设置"界面

步骤 5：设置安装系统的快捷方式，默认选中"桌面"及"开始菜单程序文件夹(S)"复选框，然后单击"下一步"按钮，如图 1-15 所示。

图 1-15　"快捷方式"界面

步骤 6：在图 1-16 所示的界面中单击"安装"按钮。安装结束后单击"完成"按钮，如图 1-17 所示。

图 1-16　准备安装界面

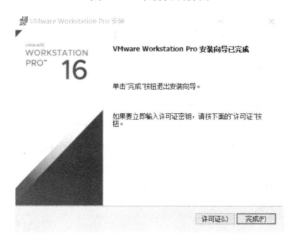

图 1-17　VMware Workstation 16 安装完成界面

步骤 7：双击桌面上 VMware Workstation 16 软件的快捷方式，将弹出许可证密钥界面，输入密钥后单击"继续"按钮，如图 1-18 所示；将弹出许可证注册成功界面，单击"完成"按钮，如图 1-19 所示；弹出 VMware Workstation 16 主界面，如图 1-20 所示。

图 1-18　输入许可证密钥　　　　　　图 1-19　许可证注册成功

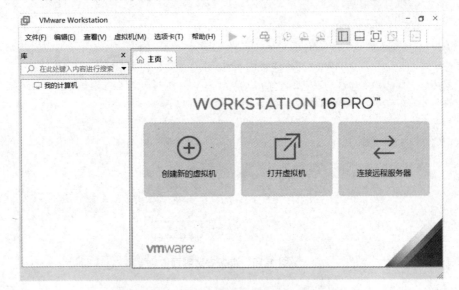

图 1-20　VMware Workstation 16 主界面

任务活动 1.2.2　虚拟网络的配置

本任务活动对前一任务活动安装好的虚拟机进行虚拟网络的配置，具体步骤如下。

步骤 1：打开 VMware Workstation 16 主界面，选择"编辑"→"虚拟网络编辑器"命令，如图 1-21 所示；弹出"虚拟网络编辑器"对话框，如图 1-22 所示。

步骤 2：设置子网 IP。在"虚拟网络编辑器"对话框中设置名称为 VMnet8，类型为"NAT 模式"，然后在"子网 IP"文本框中输入 192.168.72.0，并在"子网掩码"文本框中输入 255.255.255.0，如图 1-22 所示。

图 1-21 选择"虚拟网络编辑器"命令

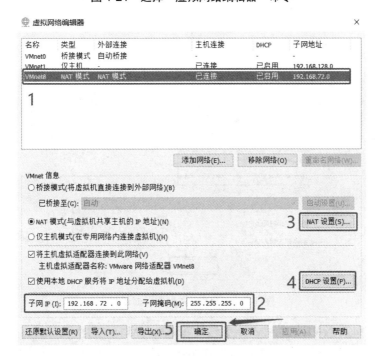

图 1-22 "虚拟网络编辑器"对话框

步骤 3：设置 VMnet8 的网关。在"虚拟网络编辑器"对话框中单击"NAT 设置"按钮，将弹出"NAT 设置"对话框，在该对话框的"网关 IP"文本框中输入 192.168.72.2，然后单击"确定"按钮，如图 1-23 所示。

步骤 4：设置 VMnet8 的 DHCP。在"虚拟网络编辑器"对话框中单击"DHCP 设置"按钮，弹出"DHCP 设置"对话框，在该对话框的"起始 IP 地址"文本框中输入 192.168.72.20，在"结束 IP 地址"文本框中输入 192.168.72.254，最后单击"确定"按钮，如图 1-24 所示。

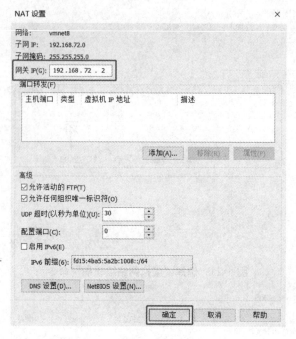

图 1-23　设置 VMnet8 的网关

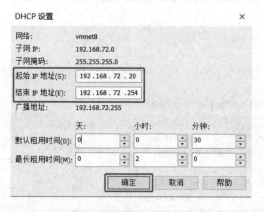

图 1-24　"DHCP 设置"对话框

> **说明**：步骤 2 中配置 NAT 模式时，一般选择默认的 VMnet8 网络适配器，也可以单击"添加网络"按钮，新建一个虚拟网络适配器，然后将"类型"设置为 NAT 模式；步骤 4 中也可以采用默认的 DHCP 配置，省略此步骤。

任务活动 1.2.3　系统服务及虚拟适配器的启停

本任务活动是关于 VMware 系统服务及 VMnet8 网络适配器的启停操作，具体步骤如下。

步骤 1：VMware 系统服务的启动与停止。打开物理主机的"服务"窗口，可以对 VMware 的服务进行启动与停止操作，当虚拟网络环境出现故障，在维护 VMware 虚拟网络时，经常需要重启相关系统服务，如图 1-25 所示。

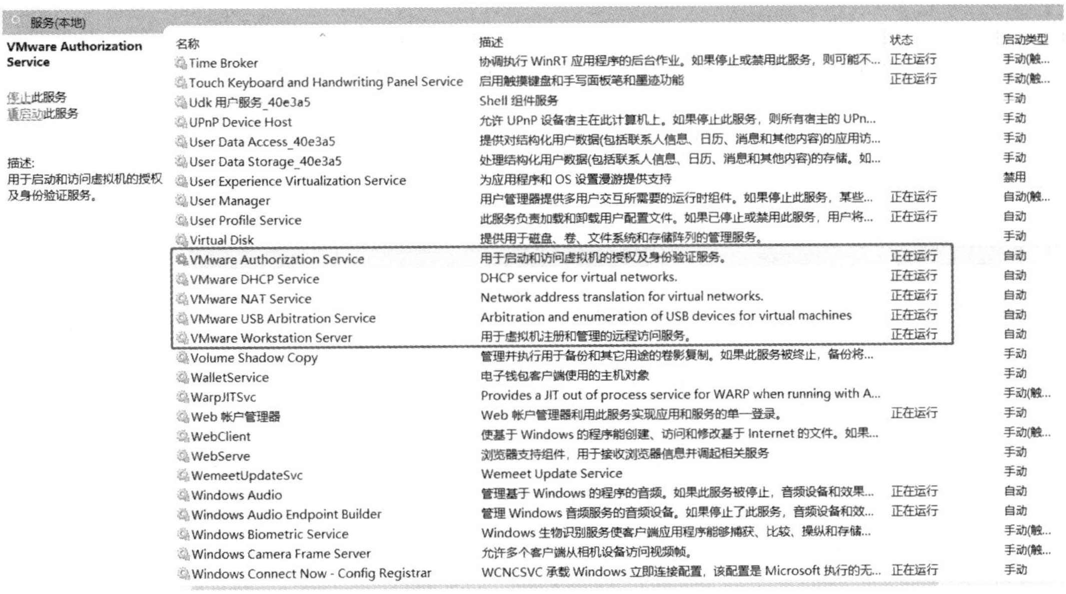

图 1-25 VMware 系统服务

步骤 2：VMware 虚拟适配器的启用与禁用操作。在物理主机中打开"控制面板"窗口，单击"网络和 Internet"链接，打开"网络和 Internet"窗口，单击"网络和共享中心"链接，在打开的窗口中单击"更改适配器设置"链接，打开如图 1-26 所示的窗口，右击适配器图标，在弹出的快捷菜单中即可启用或禁用虚拟适配器。

图 1-26 VMnet8 的禁用与启用

【任务验证】

完成本工作任务的所有操作步骤后，若虚拟网络适配器能正常禁用与启用，VMware 的 VMware NAT Service 服务、VMware DHCP Service 服务能正常停止与启动，则表明本工作任务的操作步骤正确无误。

【任务评估】

本任务的评估如表 1-2 所示,请根据工作任务实践情况进行评估。

表 1-2 自我评估与项目小组评价

任务名称					
小组编号		场地号		实施人员	
自我评估与同学互评					
序 号	评 估 项	分 值	评 估 内 容		自我评价
1	任务完成情况	30	按时、按要求完成任务		
2	学习效果	20	学习效果达到学习要求		
3	笔记记录	20	记录规范、完整		
4	课堂纪律	15	遵守课堂纪律,无事故		
5	团队合作	15	服从组长安排,团队协作意识强		
自我评估小计					

任务小结与反思:通过完成上述任务,你学到了哪些知识或技能?

组长评价:

工作任务 1.3　CentOS 7 的安装与克隆

【任务描述】

通过实施本工作任务，实现在 VMware 虚拟机环境中完成 CentOS 7 操作系统的安装与克隆。

CentOS 7 的安装与克隆(微课)

【任务分析】

要完成本工作任务，首先，需要了解 Linux 操作系统的相关版本有哪些，以及如何选择 Linux 版本来完成本工作任务。CentOS 是一个由 Red Hat 公司提供支持的企业级 Linux 操作系统，其以稳定性和安全性而闻名。它是一个免费的开源操作系统，适合作为服务器操作系统。Red Hat 公司的 Red Hat Enterprise Linux 是一个专为企业级用户设计的操作系统，是一个商业产品，需要购买许可证才能使用。因此，本任务选择 Linux 的 CentOS 版本作为集群服务器节点机器的操作系统。

其次，根据工作场景的需要，按照使用要求来安装 CentOS 7 操作系统，根据安装结果，学会使用 VMware 克隆技术完成集群服务器节点机器的克隆。本工作任务的实施可以为后续搭建大数据集群提供 Linux 节点服务器。

【任务准备】

(1) 准备好工作任务 1.2 已完成的 VMware 虚拟机环境。
(2) 准备好 Linux CentOS 版本的镜像文件：CentOS-7-x86_64-Minimal-2009.iso。

【任务实施】

任务活动 1.3.1　CentOS 7 的安装

本任务活动使用工作任务 1.2 安装好的 VMware 虚拟机环境进行安装，首先安装一台 Linux CentOS 虚拟机，具体步骤如下。

步骤 1：打开安装好的 VMware 软件，在主界面中单击"创建新的虚拟机"图标，如图 1-27 所示。

步骤 2：在弹出的"欢迎使用新建虚拟机向导"界面中，默认选中"自定义(高级)"单选按钮，然后单击"下一步"按钮，如图 1-28 所示。

步骤 3：弹出"选择虚拟机硬件兼容性"界面，在"硬件兼容性"下拉列表框中选择 Workstation 16.x 选项，然后单击"下一步"按钮，如图 1-29 所示。

步骤 4：在弹出的"安装客户机操作系统"界面中设置安装来源，单击"浏览"按钮，找到并选中 CentOS-7-x86_64-Minimal-2009.iso 文件，文件路径将自动填入"安装程序光盘映像文件"下拉列表框中，然后单击"下一步"按钮，如图 1-30 所示。

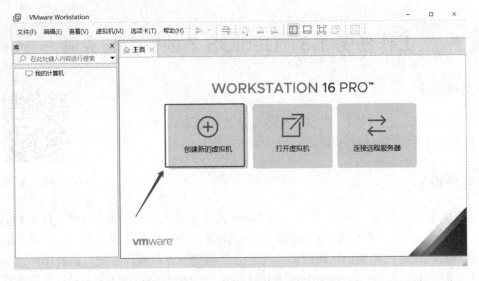

图 1-27 单击"创建新的虚拟机"图标

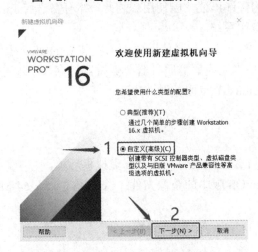

图 1-28 "欢迎使用新建虚拟机向导"界面

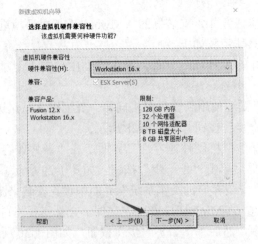

图 1-29 "选择虚拟机硬件兼容性"界面

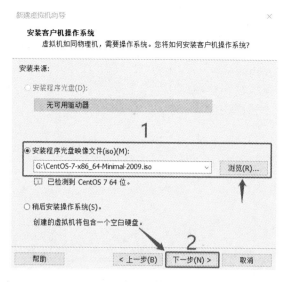

图 1-30 "安装客户机操作系统"界面

步骤 5：在弹出的"命名虚拟机"界面的"虚拟机名称"文本框中输入虚拟机名称，本任务活动安装的虚拟机命名为 Hadoop-node1，然后单击"浏览"按钮，将虚拟机的安装存储位置指定到物理主机硬盘上，建议硬盘选择固态硬盘，并且存储位置路径尽量不要使用中文字符，最后单击"下一步"按钮，如图 1-31 所示。

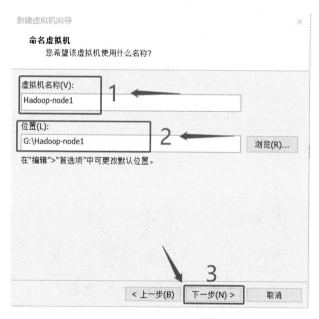

图 1-31 "命名虚拟机"界面

步骤 6：在弹出的"处理器配置"界面的"处理器数量"和"每个处理器的内核数量"下拉列表框中输入处理器信息，此任务活动各设置 1 个，其他大数据平台搭建时可以根据资源使用情况进行合理设置，然后单击"下一步"按钮，如图 1-32 所示。

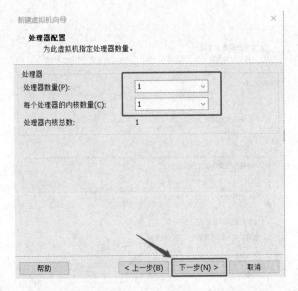

图 1-32 "处理器配置"界面

步骤 7：在弹出界面的"此虚拟机的内存"微调框中输入内存大小，此任务活动设置为 2048MB，其他大数据平台搭建时可以根据资源使用情况和物理主机内存情况进行合理分配，然后单击"下一步"按钮，如图 1-33·所示。

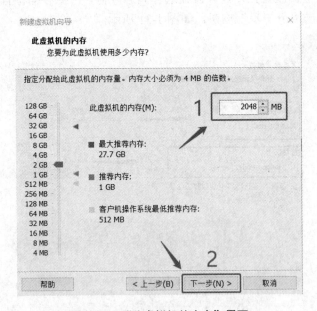

图 1-33 "此虚拟机的内存"界面

步骤 8：在弹出的"网络类型"界面的"网络连接"选项组中，将默认选中"使用网络地址转换(NAT)(E)"单选按钮，然后单击"下一步"按钮，如图 1-34 所示。

步骤 9：在弹出的"选择 I/O 控制器类型"界面的"SCSI 控制器"选项组中，将默认选中 LSI Logic(L)单选按钮，然后单击"下一步"按钮，如图 1-35 所示。

步骤 10：在弹出的"选择磁盘类型"界面的"虚拟磁盘类型"选项组中，将默认选中 SCSI(S)单选按钮，然后单击"下一步"按钮，如图 1-36 所示。

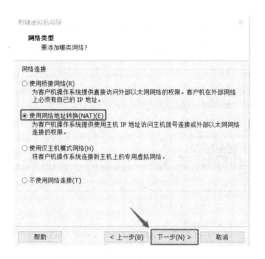

图 1-34 "网络类型"界面

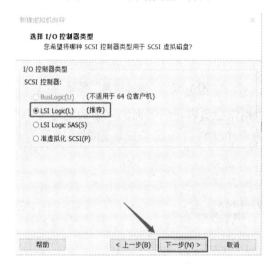

图 1-35 "选择 I/O 控制器类型"界面

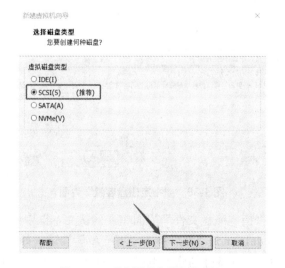

图 1-36 "选择磁盘类型"界面

步骤 11：在弹出的"选择磁盘"界面中，将默认选中"创建新虚拟磁盘(V)"单选按钮，然后单击"下一步"按钮，如图 1-37 所示。

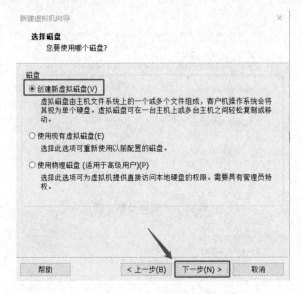

图 1-37 "选择磁盘"界面

步骤 12：在弹出的"指定磁盘容量"界面的"最大磁盘大小"微调框中输入 30，然后选中"将虚拟磁盘存储为单个文件"单选按钮，设置完成后，单击"下一步"按钮，如图 1-38 所示。

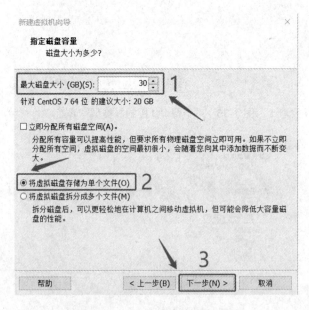

图 1-38 "指定磁盘容量"界面

步骤 13：在弹出的"指定磁盘文件"界面中，确认文本框中给出的默认名称，本任务活动默认使用 Hadoop-node1.vmdk，然后单击"下一步"按钮，如图 1-39 所示。

步骤 14：在弹出的"已准备好创建虚拟机"界面中直接单击"完成"按钮，如图 1-40

所示。至此，虚拟机的安装便完成了。接下来，安装向导会自动进入 Linux CentOS 系统的安装界面。

图 1-39 "指定磁盘文件"界面

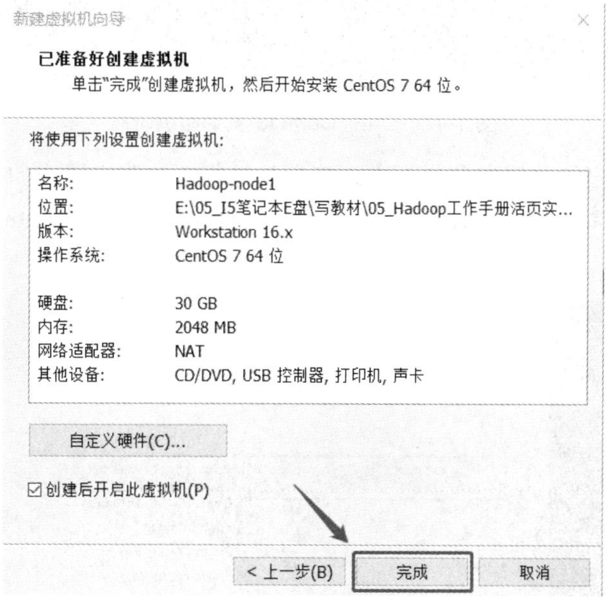

图 1-40 "已准备好创建虚拟机"界面

步骤 15：接下来为 Hadoop-node1 节点虚拟机安装 CentOS 7 操作系统。按住快捷键 Ctrl+G 或者在虚拟机内部单击，将输入定向到该虚拟机，然后通过键盘的上下方向键在安装界面中选择 Install CentOS 7 选项，最后按 Enter 键执行安装，如图 1-41 所示。

步骤 16：CentOS 系统安装向导进入安装检测界面，若检测项前面有绿色"[OK]"字样，则表示检测通过，此过程自动完成，等待检测完毕即可，如图 1-42 所示。

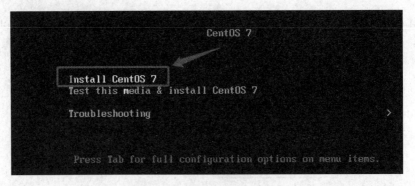

图 1-41 CentOS 7 安装界面

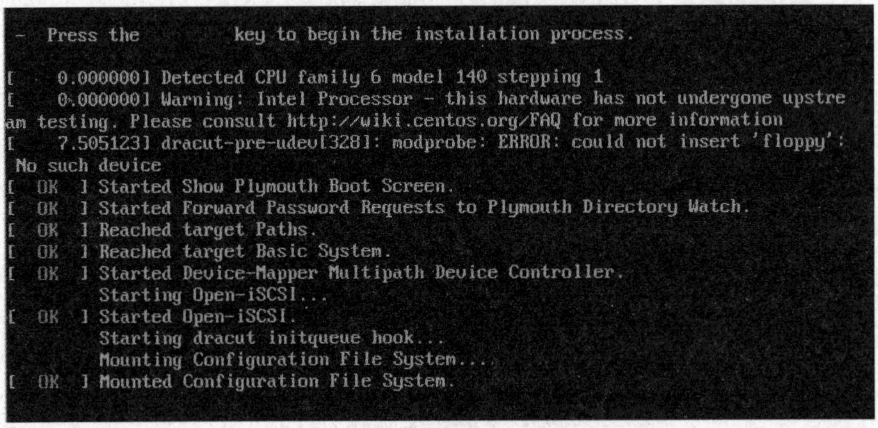

图 1-42 Linux CentOS 安装检测阶段

步骤 17：在弹出的欢迎安装界面中，将默认选择左边列表框中的 English 选项和右边列表框中的 English(United States)选项，然后单击界面右下角的 Continue 按钮，如图 1-43 所示。

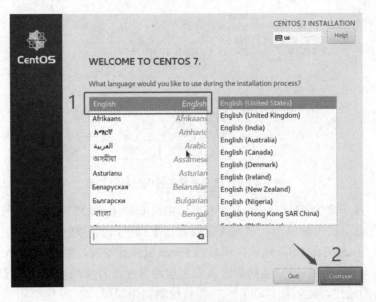

图 1-43 欢迎安装界面

步骤 18：弹出安装摘要界面，在 SYSTEM 选项组中单击 INSTALLATION DESTINATION 图标，如图 1-44 所示。

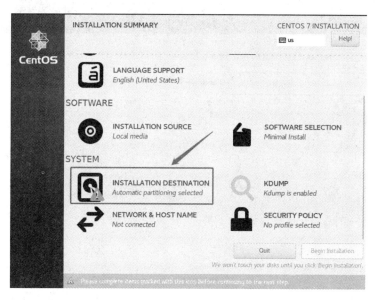

图 1-44　安装摘要界面

步骤 19：在弹出的设备选择界面中选中 I will configure partitioning 单选按钮，然后单击界面左上角的 Done 按钮，如图 1-45 所示。

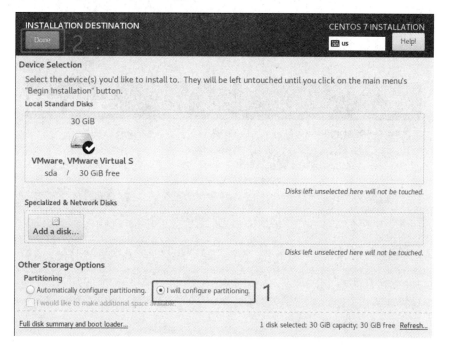

图 1-45　设备选择界面

步骤 20：在弹出的手动分区配置界面中单击 Click here to create them automatically 链接，如图 1-46 所示。然后在弹出的已配置好的手动分区界面中会看到系统分区已分配好，最后单击界面左上角的 Done 按钮，如图 1-47 所示。

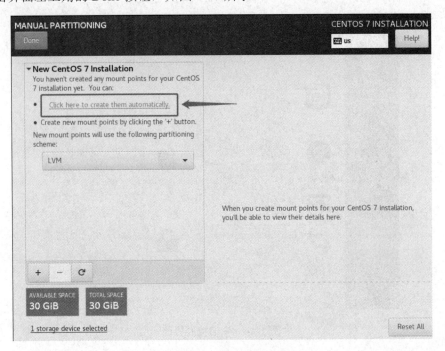

图 1-46　手动分区配置界面

说明：在图 1-46 所示界面的左下角可以单击"+"按钮来逐个手动分区，本任务活动在进入手动分区界面后，选择的是自动分区。本操作步骤就是想告诉读者，在此界面中可手动进行分区，但本任务采用自动分区即可满足集群节点机器的需求。

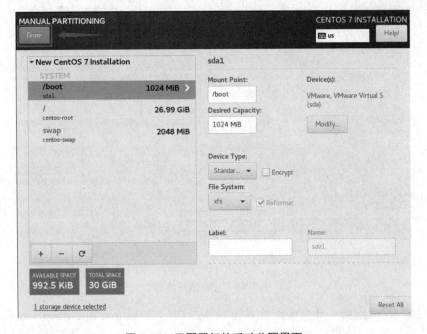

图 1-47　已配置好的手动分区界面

步骤 21：在弹出的 SUMMARY OF CHANGES 界面中单击 Accept Changes 按钮，如图 1-48 所示；返回到安装主界面，然后单击 Begin Installation 按钮，开始 Linux CentOS 系统的安装，如图 1-49 所示。

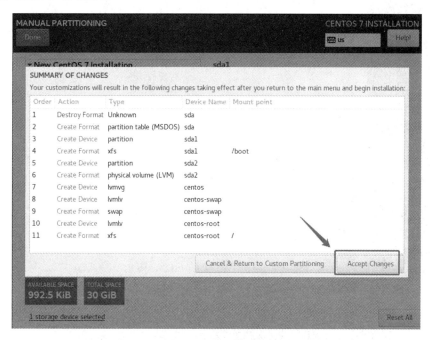

图 1-48　变更摘要界面

图 1-49　安装主界面

步骤 22：在弹出的安装配置界面中单击 ROOT PASSWORD 图标(见图 1-50)，进入 ROOT PASSWORD 界面，如图 1-51 所示。在 Root Password 文本框中输入 Root 账号的密码，在 Confirm 文本框中再次输入 Root 账号的密码，两次密码输入保持一致，然后单击界面左上角的 Done 按钮，返回到安装界面。

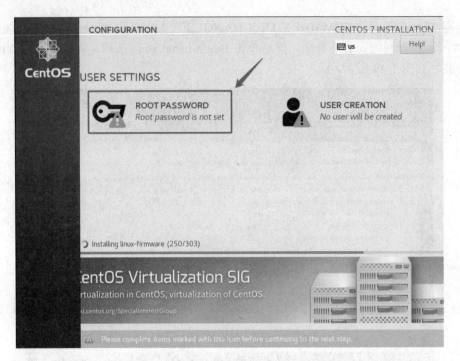

图 1-50　安装配置界面

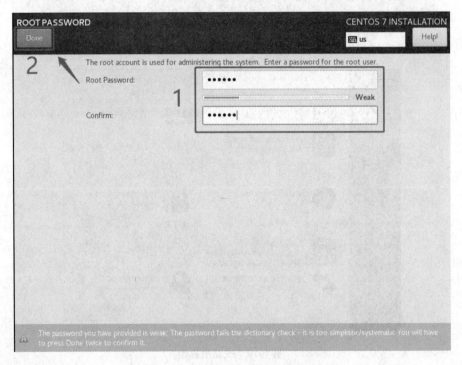

图 1-51　ROOT 超级管理员密码设置界面

步骤 23：Linux CentOS 系统安装完成后会在界面中显示"Complete!"字样，然后单击 CONFIGURATION 界面右下角的 Reboot 按钮，如图 1-52 所示；重启后显示登录界面，如图 1-53 所示。至此，Linux CentOS 系统安装完成。

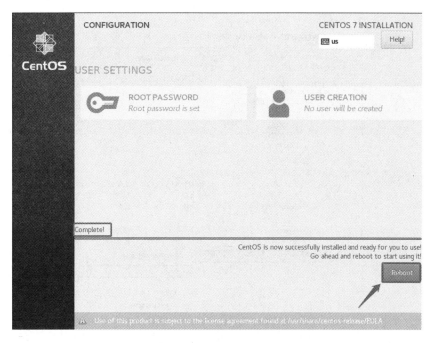

图 1-52 系统安装完成界面

图 1-53 登录界面

任务活动 1.3.2　CentOS 7 的克隆

本书的 Hadoop 集群搭建，至少需要三台 Linux CentOS 服务器节点，因此，本任务活动将克隆两台 Linux CentOS 服务器，具体步骤如下。

步骤 1：关闭任务活动 1.3.1 已安装好的虚拟机 Hadoop-node1，然后在 VMware 主界面的左侧选择虚拟机名称为 Hadoop-node1 的服务器节点，右击，在弹出的快捷菜单中选择"管理"→"克隆"命令，如图 1-54 所示。

步骤 2：在弹出的"欢迎使用克隆虚拟机向导"界面中单击"下一页"按钮，如图 1-55 所示。

步骤 3：在弹出的"克隆源"界面中选中"虚拟机中的当前状态"单选按钮，然后单击"下一页"按钮，如图 1-56 所示。

步骤 4：在弹出的"克隆类型"界面中选中"创建完整克隆"单选按钮，然后单击"下一页"按钮，如图 1-57 所示。

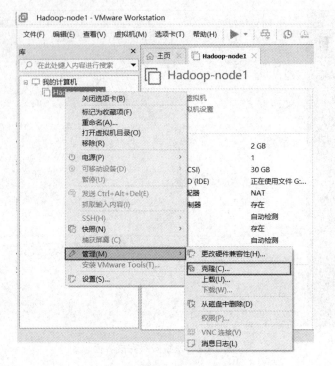

图 1-54 选择"克隆"命令

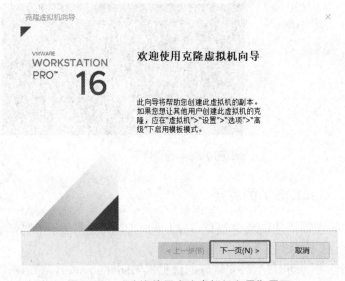

图 1-55 "欢迎使用克隆虚拟机向导"界面

步骤 5：在弹出的"新虚拟机名称"界面中，在"虚拟机名称"文本框中输入 Hadoop-node2(本项目设计集群三台服务器节点分别为 Hadoop-node1、Hadoop-node2、Hadoop-node3，此克隆为第二台服务器节点)，然后单击"位置"文本框右侧的"浏览"按钮，选择克隆的虚拟机保存路径，最后单击"完成"按钮，就会执行虚拟机克隆操作，如图 1-58 所示。克隆任务完成后，会弹出克隆完成界面，如图 1-59 所示。

步骤 6：重复步骤 1 到步骤 5，完成 Hadoop-node3 第三台虚拟机服务器节点的克隆。至此，两台服务器节点全部克隆完成。

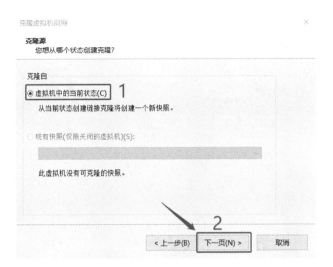

图 1-56 "克隆源"界面

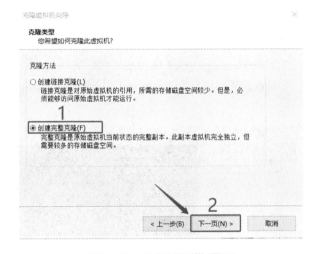

图 1-57 "克隆类型"界面

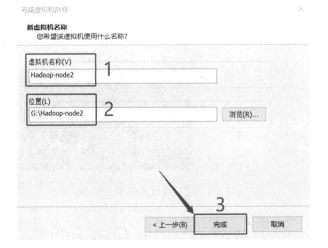

图 1-58 "新虚拟机名称"界面

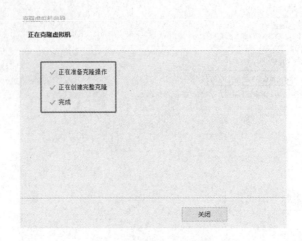

图1-59 克隆完成界面

【任务验证】

(1) CentOS 7 的安装验证。

在 VMware 虚拟机中启动 Hadoop-node1 虚拟机，启动成功后，在 localhost login 字样后输入管理员账号 root，按 Enter 键；然后在 Password 字样后输入安装时的密码，再按 Enter 键，如图 1-60 所示。

图 1-60 登录系统

系统登录成功后，会显示"[root@localhost ~]#"信息，表示已进入 CentOS 系统，如图 1-61 所示。如果能成功登录，那么表明任务活动 1.3.1 已正确完成。

图 1-61 成功登录后的系统状态

(2) CentOS 7 的克隆验证。

在 VMware 虚拟机中启动 Hadoop-node2、Hadoop-node3 这两台虚拟机，然后分别用 root 账号进行登录验证，如果能成功登录，那么表明任务活动 1.3.2 任务已正确完成。

【任务评估】

本任务的评估如表 1-3 所示,请根据工作任务实践情况进行评估。

表 1-3 自我评估与项目小组评价

任务名称					
小组编号		场地号		实施人员	
自我评估与同学互评					
序 号	评 估 项	分 值	评估内容		自我评价
1	任务完成情况	30	按时、按要求完成任务		
2	学习效果	20	学习效果达到学习要求		
3	笔记记录	20	记录规范、完整		
4	课堂纪律	15	遵守课堂纪律,无事故		
5	团队合作	15	服从组长安排,团队协作意识强		
自我评估小计					
任务小结与反思:通过完成上述任务,你学到了哪些知识或技能?					
组长评价:					

项目工作总结

【工作任务小结】

通过本项目工作任务的实施，读者要熟练掌握磁盘格式化、检测 CPU 虚拟化技术、开启 CPU 虚拟化技术、安装 VMware Workstation 16、虚拟网络的配置、系统服务及虚拟适配器的启停、CentOS 7 的安装与克隆的详细操作步骤。

下面请读者根据本项目工作任务的实施内容，从本项目工作任务实施过程中遇到的问题、解决办法，以及收获和体会等方面进行认真总结，并形成总结报告。

【举一反三能力】

(1) 通过查阅并收集资料，总结各种常用电脑及服务器开启 CPU 虚拟化技术的详细操作步骤。

(2) 通过查阅资料并动手实践，在面向 Mac 操作系统的虚拟机软件 VMware Fusion 上进行本项目三个工作任务的实施。

(3) 查阅"大数据平台运维"职业技能等级标准，梳理本项目工作任务的哪些技术技能与职业技能等级标准对应。

(4) 通过查阅资料并结合本项目工作任务的实践经验，思考针对不同的大数据平台搭建工作场景，该如何进行虚拟机安装与配置方案的设计。

【对接产业技能】

通过本项目工作任务的实施，对接产业技能如下。
(1) Linux 系统安装环境的准备。
(2) 虚拟化软件的安装配置与使用。
(3) Linux CentOS 及其他版本系统的安装与克隆。
(4) 根据大数据行业项目需求初步设计虚拟化技术解决方案。

技能拓展训练

【基本技能训练】

通过本项目工作任务的实施，请回答以下问题。
(1) 磁盘格式化的常用格式有哪些？
(2) 检测计算机 CPU 虚拟化技术的常用软件有哪些？
(3) VMware 常用的虚拟网络配置包含哪些内容？
(4) 请简要描述 VMware 虚拟机的克隆技术。

【综合技能训练】

参照本项目工作任务的实施，查找相关技术资料，在虚拟机环境下安装一台至少包含三个节点的 Linux 服务器节点机器，要求 Linux 安装 CentOS 7 桌面版，虚拟机命名采用 Linux01、Linux02、Linux03 的方式，安装完成后，总结安装步骤。

项目综合评价

【评价方法】

本项目工作任务的实施评价采用自评、小组评价、教师评价相结合的方式进行，分别从项目实施情况、核心任务完成情况、拓展训练情况进行打分。

【评价指标】

本项目的评价指标体系如表 1-4 所示，请根据学习实践情况进行打分。

表 1-4 项目评价表

项目评价表		项目名称		项目承接人		小组编号	
		Linux 系统的安装与配置					
项目开始时间		项目结束时间		小组成员			
评价指标			分值	评价细则	自评	小组评价	教师评价
项目实施情况 (20 分)	纪律 (5 分)	项目实施准备	1	准备教材、记录本、笔、设备等			
		积极思考回答问题	2	视情况得分			
		跟随教师进度	2	视情况得分			
		违反课堂纪律	0	此为否定项，如有违反，根据情况直接在总得分基础上扣 0~5 分			
	考勤 (5 分)	迟到、早退	5	迟到、早退，每项扣 2.5 分			

续表

评价指标			分值	评价细则	自评	小组评价	教师评价
项目实施情况(20分)	考勤(5分)	缺勤	0	此为否定项，如有出现，根据情况直接在总得分基础上扣0～5分			
	职业道德(5分)	遵守规范	3	根据实际情况评分			
		认真钻研	2	依据实施情况及思考情况评分			
	职业能力(5分)	总结能力	3	按总结的全面性、条理性进行评分			
		举一反三能力	2	根据实际情况评分			
核心任务完成情况(60分)	Linux系统的安装与配置(40分)	Linux安装环境准备	2	能理解任务描述并进行磁盘格式化			
			3	能动手检测CPU虚拟化技术			
			2	能启用CPU虚拟化技术			
		VMware的安装与配置	2	能安装VMware Workstation 16			
			4	能进行虚拟网络的配置			
			2	能操作VMware系统服务的启停			
			2	能操作虚拟适配器的启停			
		CentOS 7的安装与克隆	12	能独立进行CentOS 7的安装操作			
			3	能独立进行CentOS 7的克隆操作			
			8	能活学活用，具备举一反三的能力			

续表

评价指标			分值	评价细则	自评	小组评价	教师评价
核心任务完成情况(60分)	综合素养(20分)	语言表达	5	互动、讨论、总结过程中的表达能力			
		问题分析	5	问题分析情况			
		团队协作	5	实施过程中的团队协作情况			
		工匠精神	5	敬业、精益、专注、创新等			
拓展训练情况(20分)	基本技能与综合技能(20分)	基本技能训练	10	基本技能训练情况			
		综合技能训练	10	综合技能训练情况			
总分							
综合得分(自评 20%，小组评价 30%，教师评价 50%)							
组长签字：				导师签字：			

项目 2　Hadoop HDFS 高可用集群搭建

📖 工作场景描述

　　Hadoop 是一种开源的分布式计算框架，主要用于处理大型数据集。由于其具有高可伸缩性、容错性和高可用性等特点，Hadoop 在各个领域应用广泛。基于 Hadoop 的大数据平台主要有以下几个方面的应用场景。

　　(1) 大规模数据处理。Hadoop 是为处理大规模数据而设计的。例如，应用程序需要处理海量的结构化、半结构化及非结构化数据，包括批处理、数据清洗、ETL(抽取、转换和加载)等任务，Hadoop 提供了分布式计算和存储的能力，能够高效地处理这些海量数据。

　　(2) 数据仓库和数据湖。Hadoop 可以用作数据仓库和数据湖的底层存储平台。它提供了 Hadoop Distributed File System(HDFS，分布式文件系统)，用于存储大量的原始数据，结合其他工具和框架，如 Apache Hive、Apache Spark 等，可以对数据进行处理、查询和分析，为各领域提供实时或离线的数据洞察。

　　(3) 日志分析。Hadoop 可以用于分析和处理大量的日志数据。通过将日志数据存储在 HDFS 中，并使用适当的工具和技术，如 Apache Spark、Apache HBase 等，可以进行实时或离线的日志分析，帮助用户发现潜在问题，监测系统状态，进行故障排除，或提供管理和决策支持等。

　　(4) 机器学习和数据挖掘。Hadoop 生态系统中的工具和框架，如 Apache Spark、Apache Mahout 等，提供了分布式计算和机器学习算法的支持。Hadoop 可以用于构建和训练大规模的机器学习模型，并处理复杂的数据挖掘任务。

　　(5) 实时流处理。虽然 Hadoop 主要用于批处理作业，但结合其他工具和框架，如 Apache Kafka、Apache Spark Streaming、Apache Flink 等，可以在 Hadoop 生态系统中实现实时流处理，对实时产生的数据流进行实时计算、流式分析、复杂事件处理等。

　　(6) 图像和视频处理。Hadoop 可以存储和分析大量的图像和视频数据，并提供面向图片和视频数据分析的解决方案。

　　(7) 搜索和推荐引擎。Hadoop 可以用于开发高效的搜索和推荐引擎，以支持企业内部的知识管理和信息检索。

　　总之，Hadoop 的应用场景非常广泛。在这些领域中，Hadoop 提供了可扩展、高性能、成本效益高的解决方案。

　　某单位的大数据项目实施需要通过虚拟化技术搭建一个基于 Linux 集群的 Hadoop 大数据平台构建大数据中心，大数据运维工程师接到工作任务后，以项目 1 Linux 系统的安装与配置结果作为本任务的起点，按照项目 2 的步骤实施 Hadoop 集群搭建的相关工作任务。

工作任务导航

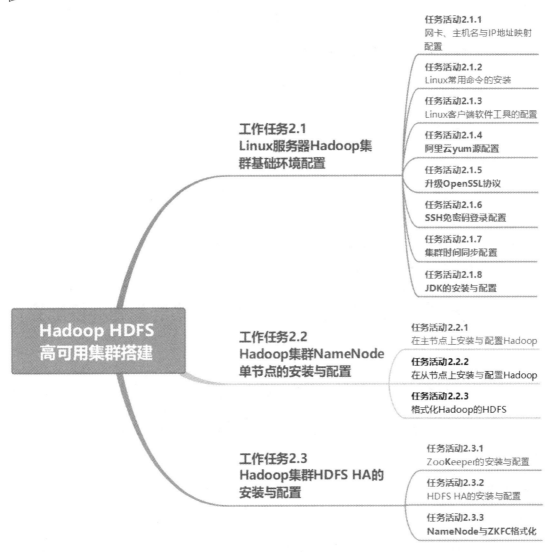

项目任务目标

知识目标

- 了解 Hadoop 3.x 版本与 Hadoop 2.x 版本的区别。
- 了解本项目的工作场景。
- 了解本项目工作任务及任务活动实施先后的逻辑关系。
- 理解 Hadoop HDFS 读写文件的工作原理。
- 掌握 Hadoop 集群搭建的规划方案设计。
- 掌握 Hadoop 集群环境相关配置。
- 掌握 Hadoop 集群安装与配置步骤。

- 掌握 Hadoop 集群 HDFS HA 的安装与配置步骤。
- 掌握 Hadoop 启动与停止服务进程的命令。

技能目标

- 具备根据需求规划集群搭建与部署方案的基本能力。
- 具备 Hadoop 集群环境相关配置的能力。
- 具备 Hadoop 集群安装与配置的能力。
- 具备 Hadoop HDFS HA 安装与配置的能力。
- 具备 Hadoop 集群异常处理与维护的基本能力。

素养目标

- 培养严谨的学习态度与埋头苦干、精益求精的工作态度。
- 培养团队协作、齐头并进的团队精神。
- 培养根据工作场景进行技术解决方案设计的专业素养。
- 培养 Hadoop 高可用集群搭建与维护的专业素养。
- 培养敬业、精益、专注、创新的大国工匠精神。

工作任务 2.1　Linux 服务器 Hadoop 集群基础环境配置

【任务描述】

通过本工作任务的实施，实现 Linux 服务器 Hadoop 集群基础环境的配置，主要包括网卡、IP 地址与主机名的映射配置，Linux 常用命令的安装、Linux 客户端工具的配置、阿里云 yum 源配置、升级 OpenSSL 协议、SSH 免密码登录配置、集群时间同步配置、JDK 的安装与配置。

【任务分析】

要实现本工作任务，首先，需要设计集群三台节点机器的 IP 地址、主机名称；其次，需要理解为什么要做本任务活动的相关配置，各个任务活动实施后在集群中起什么作用；最后，要厘清各个任务活动实施的先后逻辑关系。通过本工作任务的实施，为后续搭建大数据 Hadoop 集群提供安装运行环境。

【任务准备】

（1）准备好项目 1 中工作任务 1.3 已完成的三台 Linux CentOS 服务器节点机器及 VMware 虚拟机运行环境。

（2）准备好本工作任务的软件安装包，包括 SecureCRT.zip、FileZilla.zip、Notepad++.zip、MobaXterm_Installer_v20.6.zip、openssl-3.1.2.tar.gz、jdk-8u281-linux-x64.tar.gz。

【任务实施】

任务活动 2.1.1　网卡、主机名与 IP 地址映射配置

网卡、主机名与 IP 地址
映射配置(微课)

本任务活动需要配置三台集群服务器节点机器，根据规划设计，三台节点机器的 IP 地址分别配置为 192.168.72.101、192.168.72.102、192.168.72.103；三台节点机器的主机名分别配置为 hadoop-node1、hadoop-node2、hadoop-node3，具体配置步骤如下。

步骤 1：配置网卡。打开 Hadoop-node1 虚拟机，用 root 账号登录后，输入以下命令：

```
vi /etc/sysconfig/network-scripts/ifcfg-ens33
```

在打开的网卡配置文件中，配置静态 IP 地址，其中，NETMASK 子网掩码和 GATEWAY 网关根据 VMnet8 虚拟网络适配器配置好的信息进行填写。网卡配置文件需要修改的信息如下：

```
……
BOOTPROTO=static          #此处配置 static 表示静态 IP 地址
……
ONBOOT=yes                #值为 yes，表示系统启动时激活网卡
IPADDR=192.168.72.101     #此处配置集群第一台节点机器的 IP 地址
……
GATEWAY=192.168.72.2      #此处配置网关地址
NETMASK=255.255.255.0
DNS1=114.114.114.114
DNS2=8.8.8.8
```

修改网卡配置文件后，保存并退出，如图 2-1 所示。

图 2-1　配置网卡

然后执行以下命令，重启网卡。

```
systemctl restart network
```

重启网卡后，如果物理主机能访问外网，则可以通过 ping 命令测试当前节点机器网卡

是否配置成功，如图 2-2 所示。测试成功后，按 Ctrl+C 快捷键结束命令。

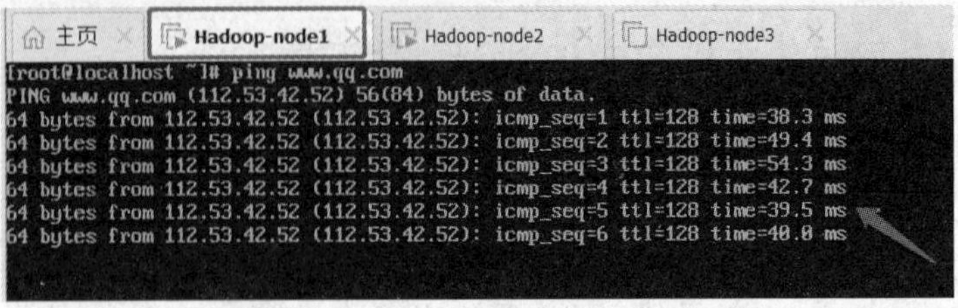

图 2-2 使用 ping 命令检测网卡配置

步骤 2：参照步骤 1，分别对 Hadoop-node2、Hadoop-node3 两台机器的网卡进行配置，Hadoop-node2 的 IPADDR IP 地址参数配置为 192.168.72.102，Hadoop-node3 的 IPADDR IP 地址参数配置为 192.168.72.103。

步骤 3：修改主机名。在 Hadoop-node1 虚拟机上执行 hostnamectl set-hostname 命令，在命令后面输入第一台虚拟机节点机器的主机名称，执行此命令后重启虚拟机生效，完整命令如下：

```
[root@localhost ~]# hostnamectl set-hostname hadoop-node1
```

虚拟机重启后，再次连接 Hadoop-node1 虚拟机，主机名已经变成了"hadoop-node1"，执行 hostname 命令可以查询当前节点机器的主机名，如图 2-3 所示。

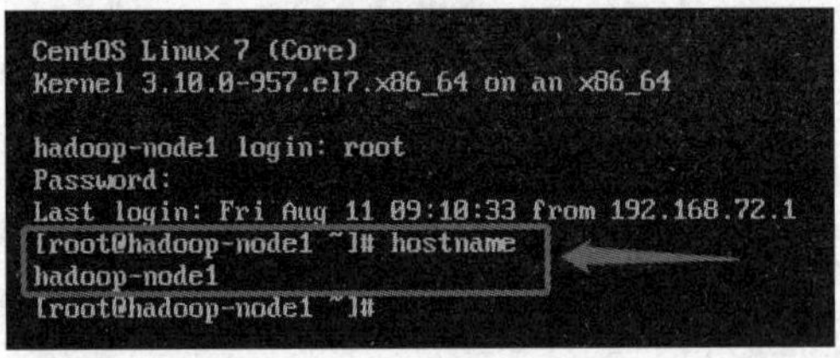

图 2-3 修改主机名

步骤 4：参照步骤 3，修改 Hadoop-node2、Hadoop-node3 两台虚拟机的主机名，分别将主机名设置为 hadoop-node2、hadoop-node3。

步骤 5：配置 IP 地址与主机名的映射。在 hadoop-node1 虚拟机上，执行 vi /etc/hosts 命令，打开/etc/路径下的 hosts 文件，并输入三台节点机器的 IP 地址与主机名，然后保存，如图 2-4 所示。

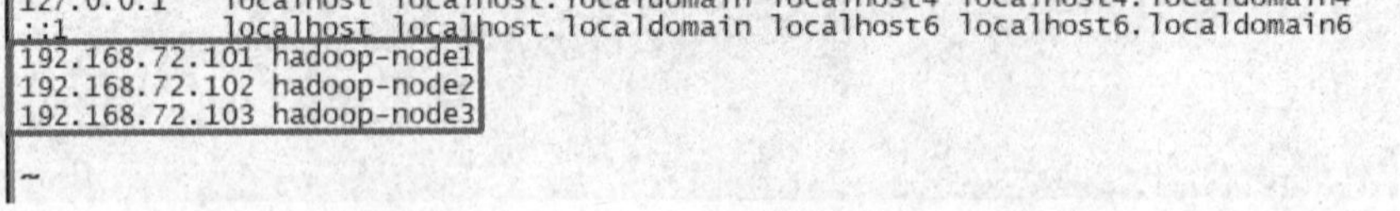

图 2-4 在 Linux 中配置 IP 地址与主机名的映射

保存成功后，输入 reboot 命令，重启 hadoop-node1 虚拟机。

步骤 6：重复步骤 5 的操作，分别进行 hadoop-node2、hadoop-node3 两台节点机器的 IP 地址与主机名的映射配置，打开配置文件路径和配置内容的方法同 hadoop-node1 虚拟机的配置。

步骤 7：在 Linux 系统中通过 ping 命令检测三台节点机器是否能解析主机名，如果能解析成功，则说明配置 IP 地址与主机名的映射正确，如图 2-5 所示。

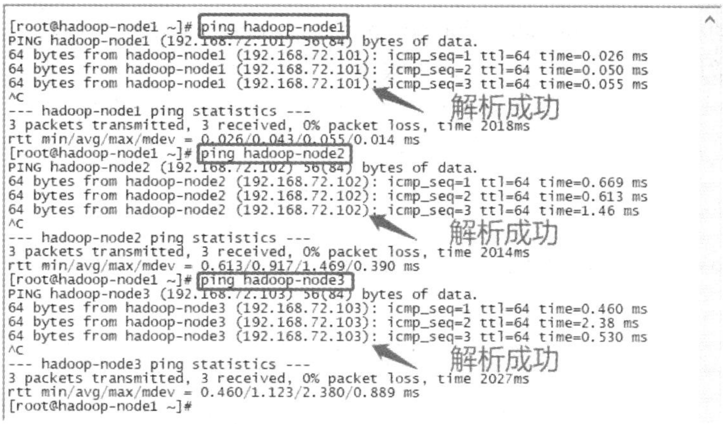

图 2-5 Linux 中 IP 地址与主机名的映射验证

步骤 8：在物理主机(本工作任务的物理主机为 Microsoft Windows10 操作系统)中配置 IP 地址与主机名的映射。在物理主机 Windows10 资源管理器的地址栏中输入 C:\Windows\System32\drivers\etc，打开 hosts 文件，然后输入如下内容：

```
192.168.72.101 hadoop-node1
192.168.72.102 hadoop-node2
192.168.72.103 hadoop-node3
```

输入完成后，保存 hosts 文件，并通过 Windows 命令行窗口检测是否能解析三台节点机器主机名对应的 IP 地址，如图 2-6 所示。

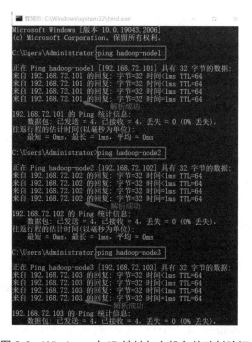

图 2-6 Windows 中 IP 地址与主机名的映射验证

任务活动 2.1.2　Linux 常用命令的安装

本任务活动将在 hadoop-node1、hadoop-node2、hadoop-node3 三台节点机器上安装常用的命令工具包，具体步骤如下。

Linux 常用命令的
安装(微课)

步骤 1：在主机名为 hadoop-node1 的节点机器上执行以下命令来安装 net-tools 工具包：

```
[root@hadoop-node1 ~]# yum install -y net-tools.x86_64
```

执行成功后，验证工具包是否安装成功。执行 ifconfig 命令进行验证，如图 2-7 所示。

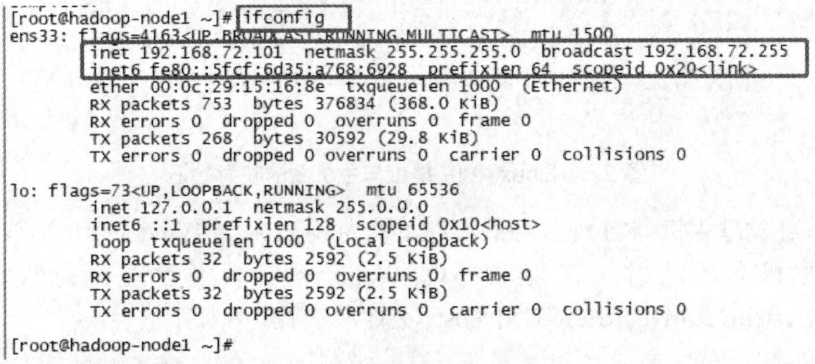

```
[root@hadoop-node1 ~]# ifconfig
ens33: flags=4163<UP,BROADCAST,RUNNING,MULTICAST>  mtu 1500
        inet 192.168.72.101  netmask 255.255.255.0  broadcast 192.168.72.255
        inet6 fe80::5fcf:6d35:a768:6928  prefixlen 64  scopeid 0x20<link>
        ether 00:0c:29:15:16:8e  txqueuelen 1000  (Ethernet)
        RX packets 753  bytes 376834 (368.0 KiB)
        RX errors 0  dropped 0  overruns 0  frame 0
        TX packets 268  bytes 30592 (29.8 KiB)
        TX errors 0  dropped 0  overruns 0  carrier 0  collisions 0

lo: flags=73<UP,LOOPBACK,RUNNING>  mtu 65536
        inet 127.0.0.1  netmask 255.0.0.0
        inet6 ::1  prefixlen 128  scopeid 0x10<host>
        loop  txqueuelen 1000  (Local Loopback)
        RX packets 32  bytes 2592 (2.5 KiB)
        RX errors 0  dropped 0  overruns 0  frame 0
        TX packets 32  bytes 2592 (2.5 KiB)
        TX errors 0  dropped 0  overruns 0  carrier 0  collisions 0

[root@hadoop-node1 ~]#
```

图 2-7　执行 ifconfig 命令后显示当前网络配置信息

步骤 2：重复步骤 1，在 hadoop-node2、hadoop-node3 节点机器上执行命令来安装 net-tools 工具包并进行验证。

步骤 3：在主机名为 hadoop-node1 的节点机器上执行以下命令安装 wget 工具包：

```
[root@hadoop-node1 ~]# yum install -y wget.x86_64
```

步骤 4：重复步骤 3，在 hadoop-node2、hadoop-node3 节点机器上执行命令来安装 wget 工具包。

任务活动 2.1.3　Linux 客户端软件工具的配置

本任务活动将介绍 4 个 Linux 客户端软件工具的使用方法，以方便、高效、快捷地搭建与维护 Hadoop 集群，包括 SecureCRT、FileZilla、Notepad++、MobaXterm 的安装与连接三台集群服务器节点机器的配置，具体安装与配置步骤如下。

Linux 客户端软件工具的
配置(微课)

步骤 1：配置 SecureCRT 连接服务器节点机器。软件包在物理主机(本物理主机使用的是 Windows 操作系统，后文不再单独说明)，解压后双击 SecureCRT.exe 可执行文件即可。

SecureCRT 是一款支持 SSH(SSH1 和 SSH2)的终端仿真程序，同时支持 Telnet 和 rlogin 协议。SecureCRT 是一款用于连接运行包括 Linux、Windows、UNIX 和 VMS 远程系统的工具。本书可将 SecureCRT 作为 Linux 三台节点机器字符命令行的终端工具。

我们首先配置连接 hadoop-node1 节点机器。双击 SecureCRT.exe 可执行文件，打开"快速连接"对话框，在其中设置主机名、用户名，然后单击"连接"按钮，如图 2-8 所示。

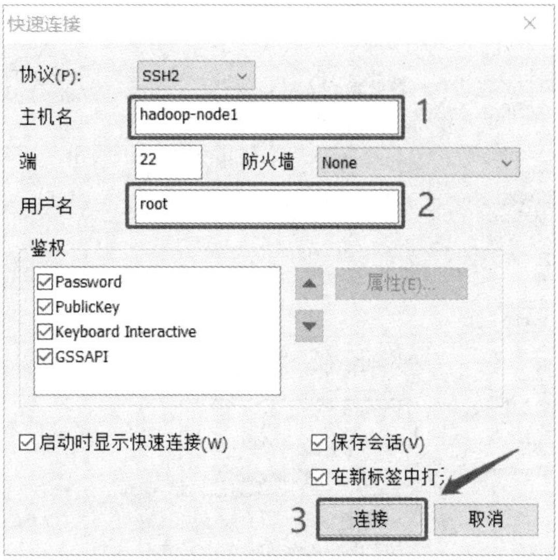

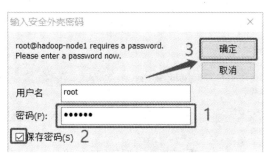

图 2-8 "快速连接"对话框

弹出"输入安全外壳密码"对话框,在其中设置 root 账号的密码,并选中"保存密码"复选框,然后单击"确定"按钮,如图 2-9 所示。连接成功后界面如图 2-10 所示。

图 2-9 "输入安全外壳密码"对话框

图 2-10 SecureCRT 连接成功后的主界面

选择"选项"→"会话选项"命令,弹出"会话选项"对话框,在左侧的"类别"列表框中选择"终端"→"仿真"→"映射键"选项,选中"其他映射"选项组中的两个复选框,如图 2-11 所示。

最后,在"会话选项"对话框的左侧选择"终端"→"外观"选项,在右侧的"字符编码"下拉列表框中选择 UTF-8 选项,然后单击"确定"按钮,即可完成防止中文乱码的配置,如图 2-12 所示。

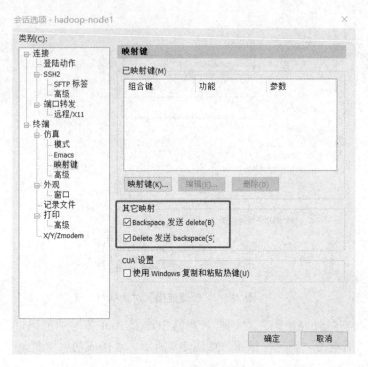

图 2-11 配置映射键

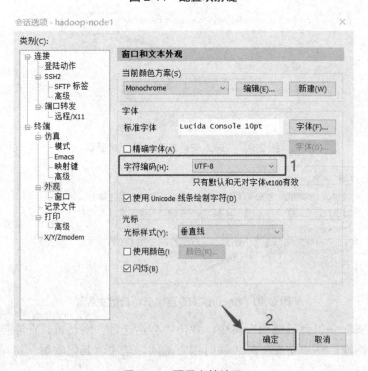

图 2-12 配置字符编码

步骤 2：参照步骤 1，完成 SecureCRT 与 hadoop-node2、hadoop-node3 节点机器的连接配置。客户端工具可以同时连接多台节点机器，三台节点机器都成功连接后的界面如图 2-13 所示。

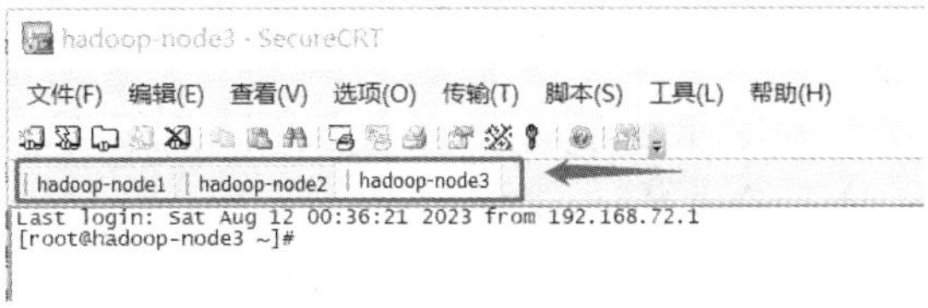

图 2-13 SecureCRT 成功连接三台集群节点机器

步骤 3：配置 FileZilla 连接服务器节点机器。软件包解压后，双击 FileZilla.exe 可执行文件即可。

FileZilla 是一款开源的 FTP 软件，具备几乎所有的 FTP 软件功能，其可控性强，有条理的界面和管理多站点的简化方式，使 Filezilla 客户端版成为一款方便、高效的 FTP 客户端工具。因此，FileZilla 一般用于连接如 Linux 等服务器，用来管理站点文件传输。本书的三台集群 Linux 服务器节点机器主要采用 FileZilla 进行文件传输。

我们首先配置连接 hadoop-node1 节点机器。双击 FileZilla.exe 可执行文件，打开 FileZilla 主界面，在"主机"文本框中输入 hadoop-node1(也可以输入对应的 IP 地址：192.168.72.101)，在"用户名"文本框中输入 root，在"密码"文本框中输入 root 的密码，在"端口"文本框中输入 22，然后单击"快速连接"按钮，将连接服务器节点机器。注意，连接时 hadoop-node1 节点机器需要开机启动。连接成功后的界面如图 2-14 所示。

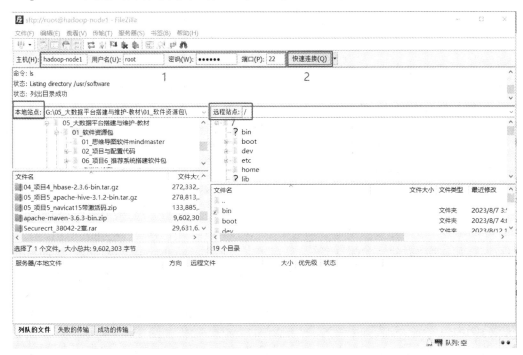

图 2-14 FileZilla 主界面

当需要在物理主机上传输文件到远程 hadoop-node1 节点机器时，首先选择远程服务器站点的文件目录，然后选择本地站点中待上传的文件，右击，在弹出的快捷菜单中选择"上传"命令，将执行上传文件的操作。下载操作则首先选择本地的存储路径，然后选择远程服务器站点中待下载的文件，右击，在弹出的快捷菜单中选择"下载"命令，将会执行下载文件的操作。上传文件的操作如图 2-15 所示。

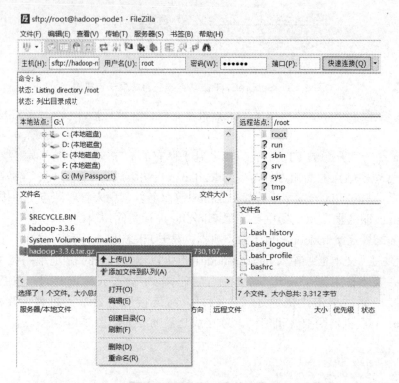

图 2-15　FileZilla 文件上传

步骤 4：参照步骤 3，完成 FileZilla 与 hadoop-node2、hadoop-node3 节点机器的连接配置，并实现文件的传输。

步骤 5：配置 Notepad++连接服务器节点机器。软件包解压后双击 Notepad++.exe 可执行文件，一直单击"下一步"按钮，设置安装路径后即可在物理主机中成功安装。

Notepad++是 Windows 操作系统下的一套文本编辑器，软件支持多国语言。本项目使用 Notepad++连接 Linux 三台节点机器，实现可视化配置文件的编辑。

我们首先配置连接 hadoop-node1 节点机器，双击 Notepad++的桌面快捷方式图标，将打开 Notepad++主界面，然后单击右侧齿轮形状的图标，弹出 Profile settings 对话框，单击 Add new 按钮，将会新建一个配置文件，并自定义命名为 hadoop-node1-setting，在 Hostname 文本框中输入主机名或者 IP 地址，此处输入 hadoop-node1，在 Connection type 下拉列表框中选择 SFTP 选项，在 Port 文本框中输入 22，在 Username 文本框中输入 root，在 Password 文本框中输入 root 账号的密码，全部输入完成后，单击 Close 按钮，保存配置文件信息，如图 2-16 所示。

接下来，使用 Notepad++连接 hadoop-node1 服务器节点机器。单击 Notepad++主界面右侧的连接图标，并选择配置文件 hadoop-node1-setting 后，只要配置信息正确，并且 hadoop-node1 节点机器开机启动，就能成功连接服务器。如果要编辑服务器网卡配置文件，则需要成功连接服务器后才可以进行编辑操作，如图 2-17 所示。

步骤 6：参照步骤 5，完成 Notepad++与 hadoop-node2、hadoop-node3 节点机器的连接配置，并编辑节点机器配置文件。

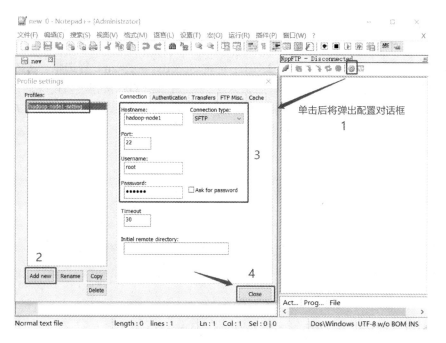

图 2-16 Notepad++连接服务器配置对话框

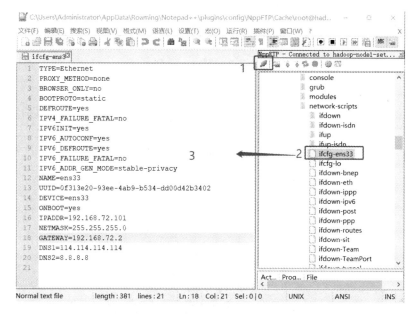

图 2-17 Notepad++编辑服务器配置文件

步骤 7：配置 MobaXterm 连接服务器节点机器。软件包解压后，双击 MobaXterm_installer_20.6.msi 安装文件，一直单击"下一步"按钮，设置安装路径后即可在物理主机中成功安装软件。

MobaXterm 是一款优秀的远程桌面管理软件，它支持 SSH、RDP、VNC、Telnet 等多种协议。MobaXterm 的功能非常强大，不仅可以用于远程终端访问，还可以进行 X11 转发、文件传输、网络扫描等操作。本项目主要用 MobaXterm 工具进行远程终端访问和文件传输。

我们首先配置连接 hadoop-node1 节点机器。双击 MobaXterm 的桌面快捷方式图标，将打开 MobaXterm 主界面，接着单击主界面左上角快捷工具栏中的 Session 图标，在弹出的 Session settings 对话框中单击左上角的 SSH 图标，然后在 Remote host 文本框中输入 hadoop-node1 或者 IP 地址 192.168.72.101，选中 Specify username 复选框，并在其下拉列表框中选择 root 选项，在 Port 微调框中输入 22，最后单击 OK 按钮。当正确输入 root 账号的密码后，就可以连接到远程的服务器 hadoop-node1。连接配置界面如图 2-18 所示，连接成功后界面如图 2-19 所示。

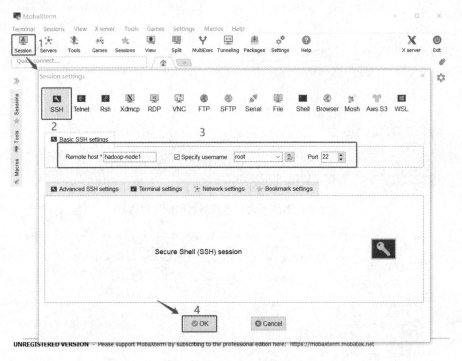

图 2-18　MobaXterm 连接配置界面

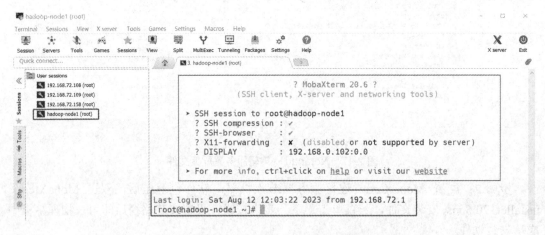

图 2-19　MobaXterm 连接成功界面

在 MobaXterm 当前会话中选中左侧的 Sftp 选项，可以与远程服务器节点机器之间通过拖曳的方式上传或下载文件，如图 2-20 所示。此功能在搭建集群过程中主要用于软件包的传输。

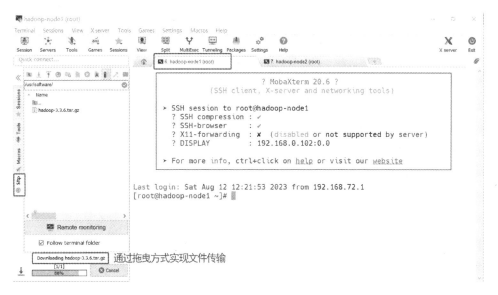

图 2-20　MobaXterm 的文件传输

步骤 8：参照步骤 7，可以完成 MobaXterm 与 hadoop-node2、hadoop-node3 节点机器的连接配置。

任务活动 2.1.4　阿里云 yum 源配置

本任务活动将介绍阿里云 yum 源配置的实施。阿里云提供了全球领先的基础设施、CDN 和安全保障，同时还有多家自有数据中心和合作伙伴数据中心。通过在阿里云 ECS 上配置 yum 源，可以在保障软件源稳定性的前提下提高软件的下载速度，具体配置步骤如下。

阿里云 yum 源配置(微课)

步骤 1：阿里云 yum 源配置。我们首先配置 hadoop-node1 节点机器，依次执行如下命令。

(1) 在 hadoop-node1 节点机器上执行以下命令，进入 yum 目录。

```
cd /etc/yum.repos.d/
```

(2) 在 hadoop-node1 节点机器上执行以下命令，下载阿里云的 repo 文件。

```
wget http://mirrors.aliyun.com/repo/Centos-7.repo
```

(3) 在 hadoop-node1 节点机器上执行以下命令，备份系统原来的 repo 文件。

```
mv CentOS-Base.repo CentOS-Base.repo.bak
```

(4) 在 hadoop-node1 节点机器上执行以下命令，替换系统中原来的 repo 文件。

```
mv Centos-7.repo CentOS-Base.repo
```

(5) 在 hadoop-node1 节点机器上执行 yum 源更新命令。

```
yum clean all
yum makecache
yum update
```

hadoop-node1 节点机器配置完成后，界面如图 2-21 所示。

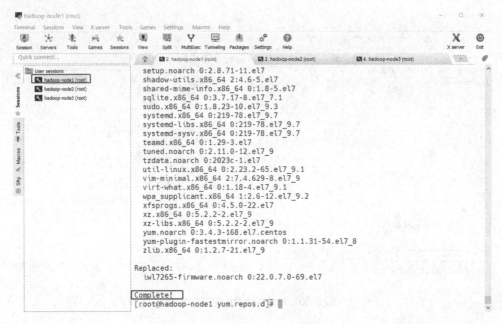

图 2-21 阿里云 yum 源配置

步骤 2：参照步骤 1，完成 hadoop-node2、hadoop-node3 节点机器上的阿里云 yum 源配置。

任务活动 2.1.5　升级 OpenSSL 协议

升级 OpenSSL 协议(微课)

本任务活动将升级三台服务器节点机器的 OpenSSL 协议，因为在默认的 CentOS 7 系统中，OpenSSL 版本为 openssl-1.0.2，自带的 OpenSSL 协议版本太低，会暴露很多漏洞。接下来我们就开始升级 OpenSSL 协议。

我们首先为 hadoop-node1 节点机器升级 OpenSSL 协议，具体升级步骤如下。

步骤 1：执行以下命令，安装所需的编译器和工具。

```
yum group install 'Development Tools'
yum install -y perl-core zlib-devel
```

步骤 2：执行以下命令，在 hadoop-node1 中创建 software 新目录。

```
mkdir /usr/software
```

步骤 3：下载最新的 OpenSSL 版本。打开网址 https://www.openssl.org/source/，如图 2-22 所示。

步骤 4：通过 MobaXterm 上传 openssl-3.1.2.tar.gz 到 hadoop-node1 的 /usr/software 目录中，如图 2-23 所示。

上传成功后，执行以下命令，解压文件到 /usr/software/ 目录。

```
tar -zxvf openssl-3.1.2.tar.gz -C /usr/software/
```

Downloads

The master sources are maintained in our git repository, which is accessible over the network and cloned on GitHub, at https://github.com/openssl/openssl. Bugs and pull patches (issues and pull requests) should be filed on the GitHub repo. Please familiarize yourself with the license.

The table below lists the latest releases for every branch. (For an explanation of the numbering, see our release strategy.) All releases can be found at /source/old. A list of mirror sites can be found here.

KBytes	Date	File
9661	2023-Aug-01 14:09:08	openssl-1.1.1v.tar.gz (SHA256) (PGP sign) (SHA1)
14838	2023-Aug-01 14:09:08	openssl-3.0.10.tar.gz (SHA256) (PGP sign) (SHA1)
15195	2023-Aug-01 14:09:08	openssl-3.1.2.tar.gz (SHA256) (PGP sign) (SHA1) ← 单击此处下载

图 2-22　下载 OpenSSL

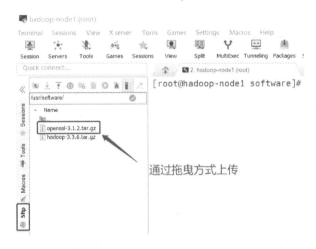

图 2-23　上传 openssl-3.1.2.tar.gz

步骤 5：进入 OpenSSL 解压后的目录，开始编译 OpenSSL。首先执行 config 命令：

```
cd /usr/software/openssl-3.1.2
./config --prefix=/usr/software/ssl --openssldir=/usr/software/ssl shared zlib
```

执行成功后，如图 2-24 所示。

```
************************************************************
***                                                      ***
***   OpenSSL has been successfully configured           ***
***                                                      ***
***   If you encounter a problem while building, please open an  ***
***   issue on GitHub <https://github.com/openssl/openssl/issues> ***
***   and include the output from the following command:  ***
***                                                      ***
***       perl configdata.pm --dump                      ***
***                                                      ***
***   (If you are new to OpenSSL, you might want to consult the ***
***   'Troubleshooting' section in the INSTALL.md file first)  ***
***                                                      ***
************************************************************
```

图 2-24　config 命令执行成功

步骤 6：继续在/usr/software/openssl-3.1.2 目录下执行 make 命令，编译 Openssl：

```
[root@hadoop-node1 openssl-3.1.2]# make
```

出现如图 2-25 所示的界面，表明 make 命令执行成功。

```
rm -f "apps/tsget.pl"
/usr/bin/perl "-I." -Mconfigdata "util/dofile.pl" \
    "-oMakefile" apps/tsget.in > "apps/tsget.pl"
chmod a+x apps/tsget.pl
rm -f "tools/c_rehash"
/usr/bin/perl "-I." -Mconfigdata "util/dofile.pl" \
    "-oMakefile" tools/c_rehash.in > "tools/c_rehash"
chmod a+x tools/c_rehash
rm -f "util/shlib_wrap.sh"
/usr/bin/perl "-I." -Mconfigdata "util/dofile.pl" \
    "-oMakefile" util/shlib_wrap.sh.in > "util/shlib_wrap.sh"
chmod a+x util/shlib_wrap.sh
rm -f "util/wrap.pl"
/usr/bin/perl "-I." -Mconfigdata "util/dofile.pl" \
    "-oMakefile" util/wrap.pl.in > "util/wrap.pl"
chmod a+x util/wrap.pl
make[1]: Leaving directory '/usr/software/openssl-3.1.2'
```

图 2-25　make 命令执行结果

步骤 7：继续在/usr/software/openssl-3.1.2 目录下执行 make test 命令，进行编译测试：

```
[root@hadoop-node1 openssl-3.1.2]# make test
```

编译测试成功的结果如图 2-26 所示。

```
99-test_ecstress.t ................. ok
99-test_fuzz_asn1.t ................ ok
99-test_fuzz_asn1parse.t ........... ok
99-test_fuzz_bignum.t .............. ok
99-test_fuzz_bndiv.t ............... ok
99-test_fuzz_client.t .............. ok
99-test_fuzz_cmp.t ................. ok
99-test_fuzz_cms.t ................. ok
99-test_fuzz_conf.t ................ ok
99-test_fuzz_crl.t ................. ok
99-test_fuzz_ct.t .................. ok
99-test_fuzz_server.t .............. ok
99-test_fuzz_x509.t ................ ok
All tests successful.
Files=252, Tests=3364, 317 wallclock secs ( 6.67 usr  0.29 sys + 235.95 cusr 48.47
csys = 291.38 CPU)
Result: PASS
make[1]: Leaving directory '/usr/software/openssl-3.1.2'
```

图 2-26　执行 make test 命令编译测试的结果

步骤 8：继续在/usr/software/openssl-3.1.2 目录下执行 make install 命令，进行 OpenSSL 的安装：

```
[root@hadoop-node1 openssl-3.1.2]# make install
```

安装成功的结果如图 2-27 所示。

```
install doc/html/man7/provider-object.html -> /usr/software/ssl/share/doc/openssl/h
tml/man7/provider-object.html
install doc/html/man7/provider-rand.html -> /usr/software/ssl/share/doc/openssl/htm
l/man7/provider-rand.html
install doc/html/man7/provider-signature.html -> /usr/software/ssl/share/doc/openss
l/html/man7/provider-signature.html
install doc/html/man7/provider-storemgmt.html -> /usr/software/ssl/share/doc/openss
l/html/man7/provider-storemgmt.html
install doc/html/man7/provider.html -> /usr/software/ssl/share/doc/openssl/html/man
7/provider.html
install doc/html/man7/proxy-certificates.html -> /usr/software/ssl/share/doc/openss
l/html/man7/proxy-certificates.html
install doc/html/man7/ssl.html -> /usr/software/ssl/share/doc/openssl/html/man7/ssl
.html
install doc/html/man7/x509.html -> /usr/software/ssl/share/doc/openssl/html/man7/x5
09.html
```

图 2-27　OpenSSL 安装成功

步骤 9：在/etc/ld.so.conf.d/目录下配置 Link Libraries：

```
[root@hadoop-node1 openssl-3.1.2]# cd /etc/ld.so.conf.d/
[root@hadoop-node1 ld.so.conf.d]# vi openssl-3.1.2.conf
```

在新建的 openssl-3.1.2.conf 文件中写入下面的内容后保存。

```
/usr/software/ssl/lib64
```

步骤 10：在 hadoop-node1 的命令行中执行以下命令，实现重载动态 Link：

```
[root@hadoop-node1 ld.so.conf.d]# ldconfig -v
```

步骤 11：在 hadoop-node1 节点机器上执行以下命令，备份/usr/bin/目录下的 OpenSSL 文件：

```
[root@hadoop-node1 ~]# mv /usr/bin/openssl /usr/bin/openssl.dackup
```

步骤 12：在 hadoop-node1 节点机器上执行以下命令，为 OpenSSL 创建新的环境：

```
[root@hadoop-node1 ~]# vi /etc/profile.d/openssl.sh
```

将下面的内容写入新建的 openssl.sh 文件中：

```
# Set OPENSSL_PATH
OPENSSL_PATH=/usr/software/ssl/bin
export OPENSSL_PATH
PATH=$PATH:$OPENSSL_PATH
export PATH
```

步骤 13：在 hadoop-node1 节点机器上执行以下命令，添加 openssl.sh 的执行权限，并使配置生效。

```
chmod +x /etc/profile.d/openssl.sh
source /etc/profile.d/openssl.sh
```

步骤 14：在 hadoop-node1 节点机器上执行以下命令，查看 OpenSSL 的版本，验证是否成功升级安装。

```
[root@hadoop-node1 ~]# openssl version -a
```

执行命令后，出现如图 2-28 所示的版本信息，表明 OpenSSL 协议已成功升级到 3.1.2 版本。

```
[root@hadoop-node1 ~]# openssl version -a
OpenSSL 3.1.2 1 Aug 2023 (Library: OpenSSL 3.1.2 1 Aug 2023)
built on: Sun Aug 13 08:40:56 2023 UTC
platform: linux-x86_64
options:  bn(64,64)
compiler: gcc -fPIC -pthread -m64 -Wa,--noexecstack -Wall -O3 -DOPENSSL_USE_NODELETE
 -DL_ENDIAN -DOPENSSL_PIC -DOPENSSL_BUILDING_OPENSSL -DZLIB -DNDEBUG
OPENSSLDIR: "/usr/software/ssl"
ENGINESDIR: "/usr/software/ssl/lib64/engines-3"
MODULESDIR: "/usr/software/ssl/lib64/ossl-modules"
Seeding source: os-specific
CPUINFO: OPENSSL_ia32cap=0xfffa32034f8bffff:0x405f46f1bf27ab
[root@hadoop-node1 ~]#
```

图 2-28 查看 OpenSSL 升级后的版本

步骤 15：参照步骤 1 到步骤 14，完成 hadoop-node2、hadoop-node3 节点机器的 OpenSSL 协议的升级安装。特别强调，在 hadoop-node1 节点机器中执行的所有命令，都要分别在 hadoop-node2、hadoop-node3 中执行。

任务活动 2.1.6　SSH 免密码登录配置

SSH 免密码登录配置(微课)

本任务活动将在 hadoop-node1、hadoop-node2、hadoop-node3 三台服务器节点机器之间实现 SSH 免密码登录配置。

SSH 是目前比较可靠的专为远程登录会话和其他网络服务提供安全的协议。不同主机之间在进行通信时，一般都需要输入密码进行验证。SSH 免密码登录配置之后，只要通过指定主机地址和端口号，在不同计算机之间访问时，不需要用户手动输入密码便可自动实现密钥对之间的访问验证，具体配置步骤如下。

步骤 1：首先为 hadoop-node1 配置访问集群中三台节点机器的 SSH 免密码登录，在 hadoop-node1 节点机器中执行以下命令，生成密钥。

```
[root@hadoop-node1 ~]# ssh-keygen
```

执行 ssh-keygen 命令的过程如图 2-29 所示。

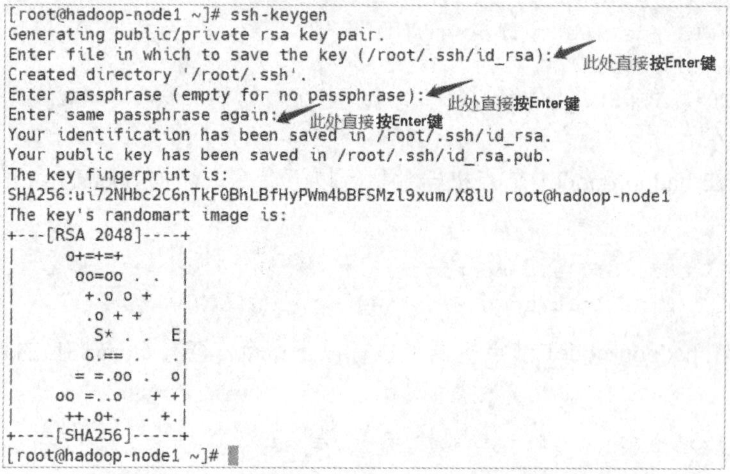

图 2-29　执行 ssh-keygen 命令的过程

步骤 2：在 hadoop-node1 节点机器中依次执行以下命令，将公钥文件 id_rsa.pub 复制到 hadoop-node1、hadoop-node2、hadoop-node3 三台服务器节点机器中。

```
ssh-copy-id -i /root/.ssh/id_rsa.pub root@hadoop-node1
ssh-copy-id -i /root/.ssh/id_rsa.pub root@hadoop-node2
ssh-copy-id -i /root/.ssh/id_rsa.pub root@hadoop-node3
```

每次执行 ssh-copy-id 命令的过程如图 2-30 所示。

步骤 3：参照步骤 1 到步骤 2，完成 hadoop-node2、hadoop-node3 节点机器的 SSH 免密码登录配置。

步骤 4：免密验证。在三台节点机器的任意一台节点机器中登录另外两台机器，验证是否能登录成功，如图 2-31 所示。验证命令如下：

```
ssh Hadoop-node2
```

```
[root@hadoop-node1 .ssh]# ssh-copy-id -i /root/.ssh/id_rsa.pub root@hadoop-node1
/usr/bin/ssh-copy-id: INFO: Source of key(s) to be installed: "/root/.ssh/id_rsa.pub"
The authenticity of host 'hadoop-node1 (192.168.72.101)' can't be established.
ECDSA key fingerprint is SHA256:oTN2Dv4MmbV4rqCZ2B31l6sgSTWIJu6oM2zgn53F6sI.
ECDSA key fingerprint is MD5:06:75:18:59:a1:6c:cd:20:a4:f5:85:7d:6c:14:70:fb.
Are you sure you want to continue connecting (yes/no)? yes   ← 在问号后面输入yes后按Enter键
/usr/bin/ssh-copy-id: INFO: attempting to log in with the new key(s), to filter out any that are alr
eady installed
/usr/bin/ssh-copy-id: INFO: 1 key(s) remain to be installed -- if you are prompted now it is to inst
all the new keys
root@hadoop-node1's password:   在冒号后面输入root账号的密码，然后按Enter键，Linux不会显示输入的密码

Number of key(s) added: 1

Now try logging into the machine, with:   "ssh 'root@hadoop-node1'"
and check to make sure that only the key(s) you wanted were added.

[root@hadoop-node1 .ssh]#
```

图 2-30　执行 ssh-copy-id 命令的过程

```
[root@hadoop-node1 ~]# ssh hadoop-node2
Last login: Mon Aug 14 00:25:35 2023 from 192.168.72.1
[root@hadoop-node2 ~]# exit   ← 退出登录
logout
Connection to hadoop-node2 closed.
[root@hadoop-node1 ~]#
```

图 2-31　SSH 免密码登录验证

任务活动 2.1.7　集群时间同步配置

本任务活动将配置 hadoop-node1、hadoop-node2、hadoop-node3 三台服务器节点机器之间的时间同步服务。

集群时间同步配置(微课)

集群时间同步配置分为服务端和客户端两部分。将主节点机器 hadoop-node1 配置为服务端，hadoop-node2、hadoop-node3 两个从节点机器配置为客户端，使集群中的这三个节点机器在时间上保持同步，具体配置步骤如下。

步骤 1：安装 chrony 服务。首先检查三台节点服务器机器是否已安装 chrony 服务。执行如下命令进行检查：

```
[root@hadoop-node1 ~]# yum list installed | grep chrony
```

通过执行以上命令，如果返回结果为 chrony.x86_64，就表明系统已经预装了 chrony 服务；如果返回结果为空，则执行以下命令进行 chrony 服务的安装。

```
[root@hadoop-node1 ~]# yum -y install chrony
```

步骤 2：首先在主节点机器 hadoop-node1 上通过 vi 命令打开/etc/chrony,conf/chrony 的配置文件 chrony.conf，然后在文件中设置集群的网段 192.168.72.0/24，允许本局域网的客户端访问，关键配置代码如下：

```
……
# Allow NTP client access from local network
allow 192.168.72.0/24  #设置为本项目虚拟机环境的网段，允许客户端访问
……
# Serve time even if not synchronized to a time source
```

配置完成后，保存 chrony.conf 文件。

步骤 3：分别在从节点机器 hadoop-node2、hadoop-node3 上通过 vi 命令打开/etc/chrony.conf 文件，将以下四行代码注释掉：

```
# server 0.centos.pool.ntp.org iburst     #注释掉此行代码
# server 1.centos.pool.ntp.org iburst     #注释掉此行代码
# server 2.centos.pool.ntp.org iburst     #注释掉此行代码
# server 3.centos.pool.ntp.org iburst     #注释掉此行代码
```

然后在这四行代码下面再增加一行配置代码：

```
server hadoop-node1 iburst
```

配置完成后，保存 chrony.conf 文件。

步骤 4：在三台节点机器上执行以下命令，启动 chrony 服务。

```
systemctl start chronyd
```

步骤 5：重启三台节点机器，然后在所有节点机器上执行以下命令，查看时间同步的配置情况，如图 2-32～图 2-34 所示。

```
chronyc sources
```

```
[root@hadoop-node1 ~]# chronyc sources
210 Number of sources = 4
MS Name/IP address         Stratum Poll Reach LastRx Last sample
===============================================================================
^- electrode.felixc.at          3   6   377     9   +37ms[  +37ms] +/-  190ms
^+ makaki.miuku.net             3   6   377    12   -15ms[  -15ms] +/-   70ms
^* dns2.synet.edu.cn            1   6   357    12   +55us[ +311us] +/-   28ms
^+ dns1.synet.edu.cn            2   6   377    13 +1701us[+1957us] +/-   30ms
[root@hadoop-node1 ~]#
```

图 2-32　hadoop-node1 时间同步源

```
[root@hadoop-node2 ~]# chronyc sources
210 Number of sources = 1
MS Name/IP address         Stratum Poll Reach LastRx Last sample
===============================================================================
^? hadoop-node1                 0   7   0      -    +0ns[   +0ns] +/-    0ns
[root@hadoop-node2 ~]#
```

图 2-33　hadoop-node2 时间同步源

```
[root@hadoop-node3 ~]# chronyc sources
210 Number of sources = 1
MS Name/IP address         Stratum Poll Reach LastRx Last sample
===============================================================================
^? hadoop-node1                 0   8   0      -    +0ns[   +0ns] +/-    0ns
[root@hadoop-node3 ~]#
```

图 2-34　hadoop-node3 时间同步源

步骤 6：在 hadoop-node1、hadoop-node2、hadoop-node3 三台节点机器上分别执行以下命令，将 chronyd 设置为开机启动。

```
systemctl enable chronyd
```

任务活动 2.1.8　JDK 的安装与配置

本任务活动将安装与配置 hadoop-node1、hadoop-node2、hadoop-node3 三台服务器节点机器的 JDK。

JDK 的安装与配置(微课)

步骤 1：通过如下命令检查三台节点机器是否已预装了 JDK：

```
rpm -qa | grep java
```

如果查询不为空，则通过命令 rpm -e -nodeps 删除 Oracle 公司自带的 JDK 版本，如 CentOS-7-x86_64-DVD-2009 版本的操作系统需要删除如下四个 JDK 相关的包：

```
java-1.8.0-openjdk-headless-1.8.0.262.b10-1.el7.x86_64
java-1.8.0-openjdk-1.8.0.262.b10-1.el7.x86_64
java-1.7.0-openjdk-1.7.0.261-2.6.22.2.el7_8.x86_64
java-1.7.0-openjdk-headless-1.7.0.261-2.6.22.2.el7_8.x86_64
```

步骤 2：首先为 hadoop-node1 节点机器安装与配置 JDK。然后通过 MobaXterm 工具上传 jdk-8u281-linux-x64.tar.gz 安装包到 /usr/software 目录下。

步骤 3：执行以下命令，将 jdk-8u281-linux-x64.tar.gz 解压到 /usr/local/ 目录下：

```
[root@hadoop-node1 software]# tar -zxvf jdk-8u281-linux-x64.tar.gz -C /usr/local/
```

步骤 4：配置 JDK 的环境变量。执行以下命令打开环境变量配置文件：

```
[root@hadoop-node1 software]# vi /etc/profile
```

在打开的配置文件末尾，输入以下配置信息后保存配置文件。

```
export JAVA_HOME=/usr/local/jdk1.8.0_281/
export JRE_HOME=/usr/local/jdk1.8.0_281/jre
export PATH=$JAVA_HOME/bin:$JRE_HOME:$PATH
export CLASSPATH=.:$JRE_HOME/lib/rt.jar:$JAVA_HOME/lib/tools.jar:$JRE_HOME/bin
```

步骤 5：执行以下命令，使环境变量生效。

```
[root@hadoop-node1 software]# source /etc/profile
```

步骤 6：执行以下命令，查看 JDK 版本，测试是否安装成功，如果能显示如图 2-35 所示的信息，则表明 JDK 安装成功。

```
[root@hadoop-node1 software]# java -version
```

图 2-35　查询 JDK 版本信息

步骤 7：参照步骤 2 到步骤 6，完成 hadoop-node2、hadoop-node3 节点机器的 JDK 安装与配置。

【任务验证】

本任务的 8 个任务活动在实施过程中都已经做了任务活动是否成功的验证步骤，在此不再单独做任务验证。

【任务评估】

本任务的评估如表 2-1 所示，请根据工作任务实践情况进行评估。

表2-1　自我评估与项目小组评价

任务名称					
小组编号		场地号		实施人员	
自我评估与同学互评					
序　号	评 估 项	分　值	评估内容		自我评价
1	任务完成情况	30	按时、按要求完成任务		
2	学习效果	20	学习效果达到学习要求		
3	笔记记录	20	记录规范、完整		
4	课堂纪律	15	遵守课堂纪律，无事故		
5	团队合作	15	服从组长安排，团队协作意识强		
自我评估小计					
任务小结与反思：通过完成上述任务，你学到了哪些知识或技能？					
组长评价：					

工作任务 2.2　Hadoop 集群 NameNode 单节点的安装与配置

【任务描述】

通过本工作任务的实施，实现 Hadoop 集群三台节点机器的基本搭建与配置，主要包括集群的规划，Hadoop 软件包的安装，Hadoop 的配置与 HDFS 的配置、格式化。配置完成后，实现 Hadoop 集群的验证。验证内容包括：启动集群服务进程与停止服务进程，查验 HDFS NameNode Http Web 界面以及验证 HDFS 文件系统读写文件是否能正常运行。

Hadoop 集群 NameNode 单节点的安装与配置(微课)

【任务分析】

要实现本工作任务，首先，需要了解 Hadoop 大数据平台的基本信息，理解 HDFS 的工作原理。其次，根据工作场景、工作任务内容设计集群搭建方案。通过本工作任务的实施，完成 Hadoop 完全分布式的搭建与配置。

【任务准备】

1. 认识 Hadoop 大数据平台

1) Hadoop 的概念

Hadoop 是由 Apache 软件基金会开发的一个分布式系统基础架构，是一个能够对大量数据进行分布式处理的软件框架，主要用于解决海量数据的存储、分析和计算问题。

Hadoop 不是指一个具体框架或者组件，它是 Apache 软件基金会用 Java 语言开发的一个开源分布式计算平台，用于在大量计算机组成的集群中对海量数据进行分布式计算。Hadoop 是一个适合大数据的分布式存储和计算平台。广义上来说，Hadoop 通常指一个更广泛的概念：Hadoop 生态圈。

2) Hadoop 的起源与发行版本

Hadoop 起源于 2002 年 Apache 的 Nutch 项目，Nutch 是一个用开源 Java 实现的搜索引擎，目标是构建一个大型的全网搜索引擎，包括网页抓取、索引、查询等功能。

2003—2004 年，谷歌(Google)公司发表了 *GFS*(google file system，分布式文件系统)和 *MapReduce*(开源分布式并行计算框架)两篇论文。受此启发，2004 年，Nutch 项目创始人 Doug Cutting 基于 Google 的 *GFS* 论文实现了分布式文件存储系统 NDFS(后来改名为 HDFS)。2005 年，Doug Cutting 又基于 Google 的 *MapReduce* 论文，在 Nutch 搜索引擎中实现了该功能。同年，Hadoop 作为 Lucene 的子项目 Nutch 的一部分正式引入 Apache 基金会。2006 年，Google 发布了第三篇重要论文 *Bigtable*(结构化数据的分布式存储系统)，随后，Powerset 公司基于 *Bigtable* 实现了开源版本 HBase。两年后它正式成为 Hadoop 生态组件之一。同年，Nutch 被分离出来，成为一套完整独立的软件，起名为 Hadoop。Hadoop 项目的

Logo 如图 2-36 所示。

图 2-36　Hadoop 的 Logo

综上所述，Hadoop 起源于 Google 的三大论文：*GFS* 对应演变为 HDFS，*MapReduce* 对应演变为 Hadoop MapReduce，*Bigtable* 对应演变为 HBase。

从最早开始于 2002 年的 Nutch 项目，到 2006 年正式诞生 Hadoop 项目，再到 2011 年 12 月 Hadoop 1.0 版本的发布，经过多年的发展，Hadoop 已作为大数据的代名词，广泛应用在各行各业。目前，Hadoop 最新版本为 2023 年 6 月发布的 3.3.6 版本。

Hadoop 目前的发行版本有 Apache 发行版、DKHadoop 发行版、Cloudera 发行版、Hortonworks 发行版、MAPR 发行版、华为 Hadoop 发行版等。其中，Apache 是免费开源版本，其他几个是商业收费版本。一般商业版本都是在 Apache Hadoop 的基础上进行修改和优化的。它们各有优缺点：开源版本的优点是免费、更新迭代快，缺点是兼容性差、不稳定，没有专门的售后技术服务；商业版本的优点是稳定、兼容性好，有专门的售后技术服务，缺点是价格昂贵。对于 Hadoop 入门者，一般建议选择 Apache 的开源版本。

综上所述，本工作任务的实施采用 Apache 的开源稳定版本 3.3.6 进行大数据平台的搭建。

3) Hadoop 3.x 与 Hadoop 2.x、Hadoop 1.x 之间的比较

大数据处理框架 Hadoop 的版本有 Hadoop 1.x、Hadoop 2.x 以及最新的 Hadoop 3.x。我们来看一下前两个版本的变化，如图 2-37 所示。Hadoop 1.x 到 2.x 的最大变化，就是对 MapReduce 进行了拆分。Hadoop 1.x 主要由 MapReduce(分布式计算)和 HDFS(分布式存储)构成，Hadoop 2.x 是在 Hadoop 1.x 的基础上演变来的，增加了 YARN(资源调度管理系统)以及其他的一些组件，主要解决了 Hadoop 1.x 版本 MapReduce 和 HDFS 中存在的各种问题并提出了解决方案，如 MapReduce 在扩展性和多框架方面支持不足等。在 Hadoop 2.x 版本中增加的 YARN 组件不仅支持 MapReduce，还支持其他的计算框架，具有很好的扩展性、可用性、向后兼容性等，如兼容支持后来的 Spark、Flink 等框架。

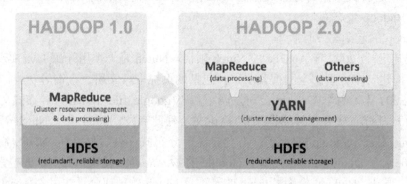

图 2-37　Hadoop 1.x 与 Hadoop 2.x 架构图

Hadoop 3.x 架构组件和 Hadoop 2.x 架构类似，着重于性能优化，如图 2-38 所示。可以看到 Hadoop 版本从 2.x 到 3.x 的构架组件没有太大的改变。Hadoop 3.x 推出了许多新特性，

比如说支持两个以上的 NameNode,支持多重备份,内部的数据支持动态平衡,并且存储效率变高了,采用纠、删码存储等。其主要性能优化有以下几个方面。

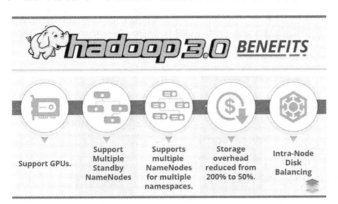

图 2-38 Hadoop 3.x 性能优化

(1) 通用方面:精简内核、类路径隔离、shell 脚本重构。
(2) HDFS 存储方面:支持 EC(erasure code)纠、删码,支持多 NameNode。
(3) MapReduce 计算方面:任务本地优化,内存参数自动推断。
(4) Hadoop YARN 时间线服务方面:Hadoop 3.x 采用 TimelineServiceV2 时间线版本服务,具有分布式写入体系结构和可扩展的后端存储,并将数据的写入与读取分开,具有更强的可伸缩性、队列配置、可靠性等。

同时,Hadoop 3.x 还对各服务的端口号进行了调整,如表 2-2 所示。

表 2-2 Hadoop 3.x 与 Hadoop 2.x 端口对比

端口类型	服务进程名称	Hadoop 2.x 的端口号	Hadoop 3.x 的端口号
NameNode Ports	NameNode	8020	9820
	NameNode HTTP UI	50070	9870
	NameNode HTTPS UI	50470	9871
Secondary NameNode Ports	SNN HTTP	50091	9869
	SNN HTTP UI	50090	9868
DataNode Ports	DataNode IPC	50020	9867
	DataNode	50010	9866
	DataNode HTTP UI	50075	9864
	DataNode HTTPS UI	50475	9865

4) Hadoop HDFS 架构

Hadoop HDFS 是一种分布式文件系统,运行于商用硬件上,它与现有的分布式文件系统有许多相似之处。然而,与其他分布式文件系统的区别很明显,HDFS 具有高容错性,旨在部署于低成本硬件上。HDFS 提供对应用程序数据的高吞吐量访问,适合具有大型数据集的应用程序。HDFS 放宽了一些可移植操作系统接口(POSIX)要求,以支持对文件系统数据的流式访问。HDFS 最初是作为 Apache Nutch Web 搜索引擎项目的基础设施而构建的,它是 Apache Hadoop Core 项目的一部分。

硬件故障是常态而不是例外。一个 HDFS 实例可能由数百或数千台服务器组成，每台服务器都存储文件系统的部分数据。事实上，HDFS 的组件数量巨大，而且每个组件发生故障的概率都很大，这意味着 HDFS 的某些组件始终无法正常工作。因此，故障检测并快速自动恢复是 HDFS 的核心架构目标。

HDFS 被设计为可以轻松地从一个平台移植到另一个平台，这有助于 HDFS 作为大量应用程序数据存储的首选平台。

HDFS 具有主/从架构，HDFS 集群由 NameNode 和 DataNode 组成。HDFS 可以有一个或者多个 NameNode 节点。NameNode 是一个管理文件系统名称空间并管理客户端对文件的访问的主服务器。HDFS 有许多 DataNode，通常是集群中的每个节点一个，它们管理节点的存储。HDFS 公开文件系统名称空间并允许将用户数据存储在 HDFS 的文件中。在 HDFS 内部，文件被分成一个或多个数据块，这些块存储在一组 DataNode 中。NameNode 执行文件系统名称空间的操作，例如打开、关闭和重命名文件和目录，它还确定块到 DataNode 的映射。DataNode 负责来自文件系统客户端的读写请求，它还执行块创建和删除。

NameNode 和 DataNode 是设计用于在商用机器上运行的服务组件。这些机器通常运行 Linux 操作系统(OS)。HDFS 使用 Java 语言构建，任何支持 Java 的机器都可以运行 NameNode 或 DataNode 软件。使用高度可移植的 Java 语言意味着 HDFS 可以部署在各种机器上，典型的部署可以仅仅是一台运行 NameNode 服务组件的专用计算机。集群中的其他每台机器都运行 DataNode 服务组件的一个实例。该架构并不排除在同一台机器上运行多个 DataNode，但在实际部署中很少采用这种部署方式。集群中部署单个 NameNode 极大地简化了系统的架构，但同时也不具有容灾性，不具备主节点高可用性的特性。NameNode 是所有 HDFS 元数据的仲裁者和存储库。该设计架构使得 NameNode 永远不会管理具体数据，只会管理元数据。单节点 HDFS 架构如图 2-39 所示。

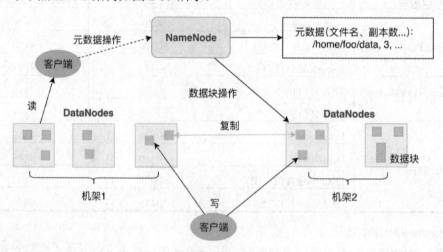

图 2-39　HDFS 架构

2．关闭防火墙、SELinux 服务、THP 服务

1）关闭防火墙

通过以下命令查询三台服务器节点机器的防火墙状态，并关闭防火墙。

查询防火墙状态的命令如下：

```
firewall-cmd --state
```

关闭防火墙的命令如下：

```
systemctl stop firewalld.service
```

禁止防火墙开机自启的命令如下：

```
systemctl disable firewalld.service
```

2）关闭 SELinux 服务

SELinux 全称是 Security-Enhanced Linux，是一种基于 Linux 内核的安全增强的 Linux 发行版，由美国国家安全局(NSA)和 Red Hat 公司开发。它主要是在操作系统内核级别实现访问控制，提供更细粒度、更灵活的安全策略，以保证系统和数据的安全。SELinux 服务对 root 用户权限进行控制，在很多企业中，SELinux 服务默认会执行关闭操作。本项目为了增强 root 账号的超级权限，我们也会选择在集群中关闭此服务。

通过以下命令查询三台服务器节点机器 SELinux 服务的状态，并关闭三台服务器节点机器的 SELinux 服务。

以主节点 hadoop-node1 为例，执行以下命令，查看当前 SELinux 状态：

```
/usr/sbin/sestatus -v
```

如果反馈结果是 enabled，则表示已开启：

```
SELinux status: enabled
```

如果需要临时关闭 SELinux 服务，则需要执行下面的命令。需要注意的是，该命令只能暂时关闭 SELinux，重启系统后会自动恢复并开启。

```
setenforce 0
```

如果需要永久关闭 SELinux，则需要修改/etc/sysconfig/目录下的 SELinux 的配置文件，将文件中 SELINUX 的值由 enforing 修改为 disabled，然后重启 Linux 系统。

接下来，执行以下命令打开配置文件。

```
vi /etc/sysconfig/selinux
```

在文件中，将 SELINUX=enforcing 修改为如图 2-40 所示的内容，将 SELinux 设置成开机禁用模式。

```
# This file controls the state of SELinux on the system.
# SELINUX= can take one of these three values:
#     enforcing - SELinux security policy is enforced.
#     permissive - SELinux prints warnings instead of enforcing.
#     disabled - No SELinux policy is loaded.
SELINUX=disabled
# SELINUXTYPE= can take one of three values:
#     targeted - Targeted processes are protected,
#     minimum - Modification of targeted policy. Only selected processes are protected.
#     mls - Multi Level Security protection.
SELINUXTYPE=targeted
```

图 2-40　关闭 SELinux 服务

3) 关闭 THP 服务

THP(transparent huge pages)是一种 Linux 内存管理系统,可以通过使用更大的内存页来减少对带有大量内存的机器 TLB(translation lookaside buffer)的开销。然而,数据库工作负载通常在 THP 上表现不佳,因为它们往往是稀疏而非连续性的内存访问模式,所以应该禁用 Linux 机器上的 THP,以确保 Redis、Oracle、MariaDB、MongoDB 等数据库的最佳性能。

THP 是在 CentOS/Red Hat 6.0 中引入的优化,从 CentOS 7 版本开始,该特性默认被启用,其目的是减少大量内存的系统开销。然而,由于某些数据库使用内存的方式,这个特性实际上弊大于利,因为内存访问很少是连续的。

通过以下命令查询三台服务器节点机器 THP 服务的状态,并关闭三台服务器节点机器的 THP 服务。

首先,以主节点机器 hadoop-node1 为例,执行以下命令,检查 THP 服务是否被禁用。

```
cat /sys/kernel/mm/transparent_hugepage/enabled
```

如果返回的信息中显示内容如图 2-41 所示,则表示 THP 已启用。

图 2-41 查看 THP 是否启用

接下来,在 hadoop-node1 节点机器中依次执行以下命令,将 THP 服务设置为禁用状态。

```
echo never > /sys/kernel/mm/transparent_hugepage/enabled
echo never > /sys/kernel/mm/transparent_hugepage/defrag
```

执行以上命令成功后,再重新执行以下命令,再次检查 THP 服务的状态。如果返回结果如图 2-41 所示,则表示 THP 服务已被成功禁用,如图 2-42 所示。

```
cat /sys/kernel/mm/transparent_hugepage/enabled
```

图 2-42 THP 已禁用成功

最后,继续参照以上步骤禁用 hadoop-node2、hadoop-node3 两台服务器节点机器的 THP 服务。

3. 准备三台集群服务器节点机器

准备好工作任务 2.1 已配置完成的 Hadoop 集群环境的 hadoop-node1、hadoop-node2、hadoop-node3 三台节点机器,然后完成"任务准备"中的防火墙、SELinux 服务、THP 服务的关闭。

4. 准备软件安装包

准备好 hadoop-3.3.6.tar.gz 软件包。关于软件安装包，读者可以在浏览器中访问 Apache 官网 http://archive.apache.org/dist/hadoop/common/，找到 3.3.6 版本并进行下载。

5. 集群规划

本工作任务三台集群节点机器的服务进程规划如表 2-3 所示。

表 2-3 本工作任务的集群规划

组件	节点服务		
	hadoop-node1	hadoop-node2	hadoop-node3
HDFS	NameNode		
	DataNode	DataNode	DataNode
		SecondaryNameNode	

【任务实施】

任务活动 2.2.1　在主节点上安装与配置 Hadoop

本任务活动将在主节点 hadoop-node1 上安装与配置 Hadoop 集群，具体配置步骤如下。

步骤 1：通过 MobaXterm 客户端工具将 hadoop-3.3.6.tar.gz 安装包上传到 /usr/software/ 目录下，安装包的下载地址为 http://archive.apache.org/dist/hadoop/common/。

步骤 2：使用以下命令将 Hadoop 解压到 /usr/local/ 目录下：

```
[root@hadoop-node1 software]# tar -zxvf hadoop-3.3.6.tar.gz -C /usr/local/
```

步骤 3：进入 Hadoop 的配置文件目录，开始配置。编辑配置文件有两种方式：一种方式是通过前文用到的 vi 命令；另一种方式是通过客户端工具进行编辑。编辑配置文件的工具可以选用 MobaXterm 和 Notepad++，具体使用方法在任务 2.1.3 中已介绍，读者可根据自己的喜好进行选择。

接下来，打开 /usr/local/hadoop-3.3.6/etc/hadoop/ 目录下的 hadoop-env.sh 文件，在文件开头位置添加以下内容：

```
export JAVA_HOME= /usr/local/jdk1.8.0_281
export HDFS_NAMENODE_USER=root
export HDFS_DATANODE_USER=root
export HDFS_SECONDARYNAMENODE_USER=root
#Hadoop集群时间与系统时间保持同步
export HADOOP_OPTS="$HADOOP_OPTS -Duser.timezone=GMT+08"
```

此处选用 MobaXterm 编辑工具进行配置，输入完成后，单击工具栏中的"保存"图标，如图 2-43 所示。

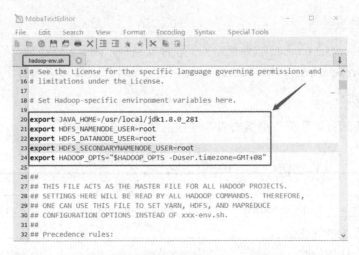

图 2-43　配置 hadoop-env.sh 文件

步骤 4：打开/usr/local/hadoop-3.3.6/etc/hadoop/目录下的 core-site.xml 文件，在<configuration></configuration>标签中插入以下内容：

```
<configuration>
<!--指定 HDFS 的 nameservice-->
  <property>
    <name>fs.defaultFS</name>
    <value>hdfs://hadoop-node1:9820</value>
  </property>
<!--指定 Hadoop 的缓存目录-->
  <property>
    <name>hadoop.tmp.dir</name>
    <value>/opt/hadoopdata</value>
  </property>
</configuration>
```

输入完成后，保存并关闭 core-site.xml 文件。

步骤 5：打开 /usr/local/hadoop-3.3.6/etc/hadoop/ 目录下的 hdfs-site.xml 文件，在<configuration></configuration>标签中插入以下内容：

```
<configuration>
  <property>
    <name>dfs.namenode.secondary.http-address</name>
    <value>hadoop-node2:9868</value>
  </property>
</configuration>
```

输入完成后，保存并关闭 hdfs-site.xml 文件。

步骤 6：打开/usr/local/hadoop-3.3.6/etc/hadoop/目录下的 workers 文件，删除原有的内容，然后输入以下内容：

```
hadoop-node1
hadoop-node2
hadoop-node3
```

此配置信息为 Hadoop 集群的节点机器主机名。输入完成后,保存并关闭 workers 文件。

步骤 7:在主节点机器 hadoop-node1 上创建 Hadoop 的缓存目录,命令如下:

```
[root@hadoop-node1 hadoop]# mkdir /opt/hadoopdata
```

任务活动 2.2.2　在从节点上安装与配置 Hadoop

本任务活动将在从节点 hadoop-node2、hadoop-node3 上安装与配置 Hadoop 集群,具体配置步骤如下。

步骤 1:在从节点 hadoop-node2、hadoop-node3 上分别执行如下命令,创建 Hadoop 的缓存目录,命令如下:

```
[root@hadoop-node2 hadoop]# mkdir /opt/hadoopdata
[root@hadoop-node3 hadoop]# mkdir /opt/hadoopdata
```

步骤 2:在主节点机器 hadoop-node1 的/usr/local/目录下,执行以下命令,将当前目录下配置好的 Hadoop 软件包复制到 hadoop-node2、hadoop-node3 对应的目录中。

```
[root@hadoop-node1 local]# scp -r ./hadoop-3.3.6/ root@hadoop-node2:$PWD
[root@hadoop-node1 local]# scp -r ./hadoop-3.3.6/ root@hadoop-node3:$PWD
```

任务活动 2.2.3　格式化 Hadoop 的 HDFS

本任务活动先进行三个服务器节点机器的 Hadoop 系统环境变量的配置,然后再进行 HDFS 文件系统的格式化,具体操作步骤如下。

步骤 1:在 hadoop-node1、hadoop-node2、hadoop-node3 三台服务器节点机器上分别打开系统环境变量配置文件 profile,配置 Hadoop 环境变量,命令如下:

```
vi /etc/profile
```

在配置文件的末尾添加如下内容:

```
export HADOOP_HOME=/usr/local/hadoop-3.3.6
export PATH=$PATH:$HADOOP_HOME/bin:$HADOOP_HOME/sbin
```

步骤 2:在所有节点机器上执行以下命令,使配置文件生效。

```
source /etc/profile
```

步骤 3:在主节点机器 hadoop-node1 上执行以下命令,进行 HDFS 文件系统的格式化。

```
[root@hadoop-node1 ~]# hdfs namenode -format
```

执行结果如图 2-44 所示。

```
2023-08-15 22:31:07,143 INFO metrics.TopMetrics: NNTop conf: dfs.namenode.top.windows.mi
= 1,5,25
2023-08-15 22:31:07,146 INFO namenode.FSNamesystem: Retry cache on namenode is enabled
2023-08-15 22:31:07,146 INFO namenode.FSNamesystem: Retry cache will use 0.03 of total h
d retry cache entry expiry time is 600000 millis
2023-08-15 22:31:07,147 INFO util.GSet: Computing capacity for map NameNodeRetryCache
2023-08-15 22:31:07,147 INFO util.GSet: VM type       = 64-bit
2023-08-15 22:31:07,147 INFO util.GSet: 0.029999999329447746% max memory 440.8 MB = 135.
2023-08-15 22:31:07,147 INFO util.GSet: capacity      = 2^14 = 16384 entries
2023-08-15 22:31:07,174 INFO namenode.FSImage: Allocated new BlockPoolId: BP-1688914819-
8.72.101-1692109867162
2023-08-15 22:31:07,189 INFO common.Storage: Storage directory /opt/hadoopdata/dfs/name
en successfully formatted.
2023-08-15 22:31:07,232 INFO namenode.FSImageFormatProtobuf: Saving image file /opt/hado
/dfs/name/current/fsimage.ckpt_0000000000000000000 using no compression
2023-08-15 22:31:07,331 INFO namenode.FSImageFormatProtobuf: Image file /opt/hadoopdata/
me/current/fsimage.ckpt_0000000000000000000 of size 399 bytes saved in 0 seconds .
2023-08-15 22:31:07,344 INFO namenode.NNStorageRetentionManager: Going to retain 1 image
 txid >= 0
2023-08-15 22:31:07,361 INFO namenode.FSNamesystem: Stopping services started for active
2023-08-15 22:31:07,361 INFO namenode.FSNamesystem: Stopping services started for standb
e
2023-08-15 22:31:07,365 INFO namenode.FSImage: FSImageSaver clean checkpoint: txid=0 whe
 shutdown.
2023-08-15 22:31:07,365 INFO namenode.NameNode: SHUTDOWN_MSG:
/************************************************************
SHUTDOWN_MSG: Shutting down NameNode at hadoop-node1/192.168.72.101
************************************************************/
[root@hadoop-node1 ~]#
```

图 2-44 HDFS 格式化成功

【任务验证】

1. 启动与停止集群服务进程

集群组件的服务进程启动与停止的全部脚本都在/usr/local/hadoop-3.3.6/sbin 目录下，如图 2-45 所示。

```
[root@hadoop-node1 sbin]# pwd
/usr/local/hadoop-3.3.6/sbin
[root@hadoop-node1 sbin]# ll
total 108
-rwxr-xr-x 1 1000 1000 2756 Jun 18 04:27 distribute-exclude.sh
drwxr-xr-x 4 1000 1000   36 Jun 18 04:50 FederationStateStore
-rwxr-xr-x 1 1000 1000 1983 Jun 18 04:22 hadoop-daemon.sh
-rwxr-xr-x 1 1000 1000 2523 Jun 18 04:22 hadoop-daemons.sh
-rwxr-xr-x 1 1000 1000 1542 Jun 18 04:29 httpfs.sh
-rwxr-xr-x 1 1000 1000 1500 Jun 18 04:24 kms.sh
-rwxr-xr-x 1 1000 1000 1841 Jun 18 04:51 mr-jobhistory-daemon.sh
-rwxr-xr-x 1 1000 1000 2086 Jun 18 04:27 refresh-namenodes.sh
-rwxr-xr-x 1 1000 1000 1779 Jun 18 04:22 start-all.cmd
-rwxr-xr-x 1 1000 1000 2221 Jun 18 04:22 start-all.sh
-rwxr-xr-x 1 1000 1000 1880 Jun 18 04:27 start-balancer.sh
-rwxr-xr-x 1 1000 1000 1401 Jun 18 04:27 start-dfs.cmd
-rwxr-xr-x 1 1000 1000 5170 Jun 18 04:27 start-dfs.sh
-rwxr-xr-x 1 1000 1000 1793 Jun 18 04:27 start-secure-dns.sh
-rwxr-xr-x 1 1000 1000 1571 Jun 18 04:50 start-yarn.cmd
-rwxr-xr-x 1 1000 1000 3342 Jun 18 04:50 start-yarn.sh
-rwxr-xr-x 1 1000 1000 1770 Jun 18 04:22 stop-all.cmd
-rwxr-xr-x 1 1000 1000 2166 Jun 18 04:22 stop-all.sh
-rwxr-xr-x 1 1000 1000 1783 Jun 18 04:27 stop-balancer.sh
-rwxr-xr-x 1 1000 1000 1455 Jun 18 04:27 stop-dfs.cmd
-rwxr-xr-x 1 1000 1000 3898 Jun 18 04:27 stop-dfs.sh
-rwxr-xr-x 1 1000 1000 1756 Jun 18 04:27 stop-secure-dns.sh
-rwxr-xr-x 1 1000 1000 1642 Jun 18 04:50 stop-yarn.cmd
-rwxr-xr-x 1 1000 1000 3083 Jun 18 04:50 stop-yarn.sh
-rwxr-xr-x 1 1000 1000 1982 Jun 18 04:22 workers.sh
-rwxr-xr-x 1 1000 1000 1814 Jun 18 04:50 yarn-daemon.sh
-rwxr-xr-x 1 1000 1000 2328 Jun 18 04:50 yarn-daemons.sh
[root@hadoop-node1 sbin]#
```

图 2-45 Hadoop 组件服务进程的启动与停止脚本

组件 HDFS 通过脚本启动与停止服务进程有以下三种方法。

方法一：HDFS 组件的服务进程逐一启动或停止，命令如下：

```
Hadoop-daemon.sh start|stop namenode | datanode | secondarynamenode
```

方法二：HDFS 组件的服务进程全部一次启动或停止，命令如下：

```
start-dfs.sh
stop-dfs.sh
```

方法三：Hadoop 的所有服务进程全部一次启动或停止，命令如下：

```
start-all.sh
stop-all.sh
```

我们经常采用第二种方法启动或停止组件服务进程。在任务验证之前，我们编写一个脚本，以便在一台节点机器中查看所有集群的服务进程。首先，在 hadoop-node1 节点机器的/opt/目录下创建一个 bin/目录，命令如下：

```
[root@hadoop-node1 opt]# mkdir /opt/bin
```

通过 vi 命令在 bin 目录下创建一个名为 jps-cluster.sh 的脚本文件，命令如下：

```
vi jps-cluster.sh
```

在脚本文件中输入如下代码后保存 jps-cluster.sh 文件。

```
#!/bin/bash
# 定义所有的节点
HOSTS=( hadoop-node1 hadoop-node2 hadoop-node3 )
# 遍历每一个节点
for HOST in ${HOSTS[@]}
do
    #远程登录到指定节点，执行jps命令
    ssh -T $HOST << TERMINATER
    echo "---------- $HOST ----------"
    jps | grep -iv jps
    exit
TERMINATER
done
```

在/opt/bin/目录下，为 jps-cluster.sh 文件增加执行权限，命令如下：

```
[root@hadoop-node1 bin]# chmod a+x jps-cluster.sh
```

在/etc/profile 系统配置文件中，为当前的脚本文件配置系统环境变量，配置代码如下：

```
#配置自己的脚本执行环境
export PATH=$PATH:/opt/bin
```

配置完成后，执行以下命令使配置生效。

```
[root@hadoop-node1 bin]# source /etc/profile
```

下面进行 HDFS 组件服务进程的启停验证，执行过程如图 2-46 所示。

```
[root@hadoop-node1 ~]# start-dfs.sh
Starting namenodes on [hadoop-node1]
Last login: Wed Aug 16 04:02:59 EDT 2023 from 192.168.72.1 on pts/0
Starting datanodes
Last login: Wed Aug 16 04:59:10 EDT 2023 on pts/0
Starting secondary namenodes [hadoop-node2]
Last login: Wed Aug 16 04:59:12 EDT 2023 on pts/0
[root@hadoop-node1 ~]#
```

图 2-46　HDFS 服务进程启动过程

执行 jps-cluster.sh 脚本文件，查看集群节点启动服务进程的情况，如图 2-47 所示。

```
[root@hadoop-node1 ~]# jps-cluster.sh
---------- hadoop-node1 ----------
1712 NameNode
1849 DataNode
---------- hadoop-node2 ----------
1608 SecondaryNameNode
1503 DataNode
---------- hadoop-node3 ----------
1503 DataNode
[root@hadoop-node1 ~]#
```

图 2-47　查看组件 HDFS 服务进程

接下来，测试验证停止 HDFS 组件的服务进程，如图 2-48 所示，结果表明验证成功。

```
[root@hadoop-node1 ~]# stop-dfs.sh
Stopping namenodes on [hadoop-node1]
Last login: Wed Aug 16 04:59:21 EDT 2023 on pts/0
Stopping datanodes
Last login: Wed Aug 16 05:05:44 EDT 2023 on pts/0
Stopping secondary namenodes [hadoop-node2]
Last login: Wed Aug 16 05:05:45 EDT 2023 on pts/0
[root@hadoop-node1 ~]# jps-cluster.sh
---------- hadoop-node1 ----------
---------- hadoop-node2 ----------
---------- hadoop-node3 ----------
[root@hadoop-node1 ~]#
```

图 2-48　HDFS 组件停止服务进程验证成功

2. 查验 HDFS NameNode Web 界面

通过执行 start-dfs.sh 脚本，启动 HDFS，在物理主机的浏览器地址栏中输入 http://hadoop-node1:9870/后按 Enter 键，能打开如图 2-49 所示的结果，则说明 Hadoop HDFS 配置成功。

3. 验证 HDFS 文件系统是否可以读写文件

首先，在 hadoop-node1 节点机器中执行以下命令，创建文件系统的目录。

```
hdfs dfs -mkdir -p /user/root
```

然后，上传一个文件到 HDFS 文件系统的 root 目录下，执行的命令如下：

```
[root@hadoop-node1 ~]# hdfs dfs -put
/usr/local/hadoop-3.3.6/etc/hadoop/hdfs-site.xml /user/root/
```

我们可以查看 HDFS 的 Web，如图 2-50 所示，如果能看到上传的文件，则说明上传成功。

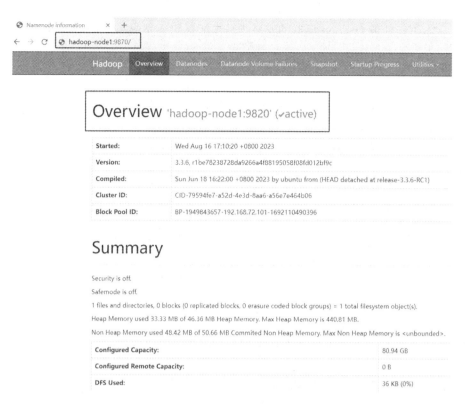

图 2-49　NameNode Web 界面

图 2-50　在 Web 界面中查看 HDFS 文件系统

也可以通过命令查看上传的文件目录，如图 2-51 所示。

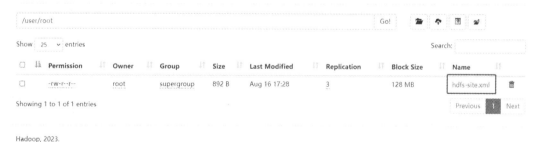

图 2-51　通过命令查看 HDFS 文件系统

至此，本工作任务 Hadoop 集群的安装与基本配置验证完成，工作任务的执行全部正确。

【任务评估】

本任务的评估如表 2-4 所示，请根据工作任务实践情况进行评估。

表 2-4 自我评估与项目小组评价

任务名称					
小组编号		场地号		实施人员	
自我评估与同学互评					
序号	评估项	分值	评估内容		自我评价
1	任务完成情况	30	按时、按要求完成任务		
2	学习效果	20	学习效果达到学习要求		
3	笔记记录	20	记录规范、完整		
4	课堂纪律	15	遵守课堂纪律，无事故		
5	团队合作	15	服从组长安排，团队协作意识强		
自我评估小计					
任务小结与反思：通过完成上述任务，你学到了哪些知识或技能？					
组长评价：					

工作任务 2.3　Hadoop 集群 HDFS HA 的安装与配置

【任务描述】

通过本工作任务的实施，实现 Hadoop 集群三台节点机器 HDFS High Availability(HDFS HA，HDFS 的高可用性)的搭建，主要包括 ZooKeeper 的安装与配置、HDFS HA 的配置、NameNode 与 ZKFC 格式化。配置完成后，实现 Hadoop 集群的验证及 HDFS HA 的高可用性验证。验证内容包括启动集群服务进程，验证 Hadoop 的 HA 故障转移，停止集群服务进程，以及测试 MapReduce 程序能否正常运行。

Hadoop 集群 HDFS HA 的安装与配置(微课)

【任务分析】

要实现本工作任务，首先，需要熟练掌握工作任务 2.2，并深刻理解 HDFS HA 架构的工作原理。其次，根据工作场景、工作任务内容设计集群 HDFS HA 搭建方案。通过本工作任务的实施，完成 Hadoop 完全分布式 HDFS HA 的搭建、配置与验证。

【任务准备】

1. 了解 HDFS HA 架构

1) HDFS HA 架构背景

在 Hadoop 2.0 之前，HDFS 集群中 NameNode 存在单点故障，对于只有一个 NameNode 的集群，若 NameNode 机器出现故障，则整个集群将无法使用，直到 NameNode 重新启动。NameNode 主要在以下两个方面影响 HDFS 集群。

(1) NameNode 机器发生意外(如宕机)时，集群将无法使用，直至管理员重启。

(2) NameNode 机器需要软硬件升级时，集群将无法使用。

HDFS HA 功能通过配置 Active/Standby 两个 NameNode 或更多 NameNode(从 Hadoop 3.0.0 开始，可以配置多个 NameNode)实现在集群中对 NameNode 的热备份来解决上述问题。如果出现故障，当机器崩溃或需要升级维护时，可通过 HDFS HA 功能将另外一台机器的 NameNode 切换成 Active，从而实现故障自动转移。

2) HDFS HA 架构图

在典型的 HDFS HA 集群中，两台或多台独立的机器被配置为 NameNode，在任何时间点，只有一个 NameNode 处于 Active 状态，其他 NameNode 处于 Standby 状态。Active NameNode 负责集群中的所有客户端操作，而 Standby NameNode 仅充当从属节点，维护足够的状态以在必要时提供快速故障转移。

HDFS 高可用性保证两个 NameNode 或更多 NameNode 内存中存储的文件系统元数据任何时候都是同步的。Standby NameNode 同样需要去读取 fsimage 和 edits 文件，edits 变化后的数据文件同样需要实时同步。

为了提供快速故障转移，备用节点具有有关集群中块位置的最新信息。DataNode 节点配置了所有 NameNode 节点的位置。当 Active NameNode 启动时，将读取 fsimage 和 edits 文件，读取后会生成新的 fsimage 和 edits 文件。Standby NameNode 同样需要去读取这两个文件，同时，也会读取变化后的 edits 日志文件。DataNode 在启动过程中还需要注册、发送心跳报告，读取块的报告，需要向两个 NameNode 或更多 NameNode 实时汇报。

在 HDFS HA 架构中，任何情况下只能有一个 NameNode 对外提供服务。当两个 NameNode 或更多 NameNode 启动以后，由 ZooKeeper 来完成选举，选举出一个 Active NameNode。两个 NameNode 或更多 NameNode 互不影响，当 NameNode 出现故障时，其他的 Standby NameNode 立即顶上去，这是 HA 的隔离机制。HDFS HA 架构还有 JournalNode 日志节点专门负责管理编辑日志文件，而 SecondaryNameNode 进程在 HDFS HA 架构下就不再需要了。Hadoop HDFS HA 架构如图 2-52 所示。

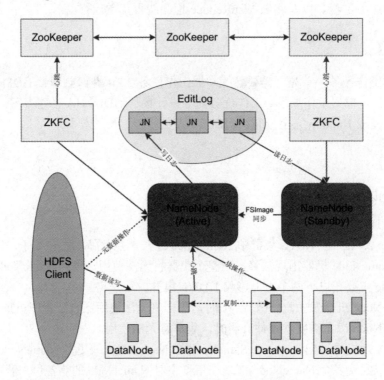

图 2-52　Hadoop HDFS HA 架构图

2. 配置三台集群服务器节点机器

准备好工作任务 2.2 已配置完成的 Hadoop 集群环境的 hadoop-node1、hadoop-node2、hadoop-node3 三台节点机器。

3. 准备软件安装包

准备好软件安装包 apache-zookeeper-3.9.0-bin.tar.gz，用户可以在浏览器中访问 Apache 官网 https://archive.apache.org/dist/zookeeper/，找到 3.9.0 版本进行下载。

4. 集群规划

本工作任务三台集群服务器节点机器的服务进程规划如表 2-5 所示。

表 2-5　本工作任务三台集群服务器节点机器的服务进程规划

组件	节点服务		
	hadoop-node1	hadoop-node2	hadoop-node3
ZooKeeper	QuorumPeerMain	QuorumPeerMain	QuorumPeerMain
HDFS	NameNode	NameNode	
	DataNode	DataNode	DataNode
	JournalNode	JournalNode	JournalNode
	DFSZKFailoverController	DFSZKFailoverController	

【任务实施】

任务活动 2.3.1　ZooKeeper 的安装与配置

本任务活动将在 Hadoop 集群主从节点机器 hadoop-node1、hadoop-node2、hadoop-node3 上安装与配置 Hadoop ZooKeeper，具体操作步骤如下。

步骤 1：通过 MobaXterm 客户端工具将 apache-zookeeper-3.9.0-bin.tar.gz 上传到 Hadoop 集群中 hadoop-node1 主节点机器/usr/software/目录下。

步骤 2：在主节点机器 hadoop-node1 上执行以下命令，将 apache-zookeeper-3.9.0-bin.tar.gz 解压到/usr/local/目录下。

```
[root@hadoop-node1 software]# tar -zxvf ./apache-zookeeper-3.9.0-bin.tar.gz -C /usr/local/
```

步骤 3：进入 hadoop-node1 的/usr/local/apache-zookeeper-3.9.0-bin/conf/ 目录下，进行配置，命令如下：

```
[root@hadoop-node1 conf]# cd /usr/local/apache-zookeeper-3.9.0-bin/conf/
```

然后，复制当前目录下的 zoo_sample.cfg 文件，将其重命名为 zoo.cfg，命令如下：

```
[root@hadoop-node1 conf]# cp zoo_sample.cfg zoo.cfg
```

步骤 4：通过 vi 命令或者客户端编辑工具修改 zoo.cfg 配置文件，将 dataDir=/tmp/zookeeper 内容修改为以下内容：

```
dataDir=/opt/zookeeperdata
```

然后，在配置文件中增加如下内容，配置三台节点服务器。

```
server.1=hadoop-node1:2888:3888
server.2=hadoop-node2:2888:3888
server.3=hadoop-node3:2888:3888
```

修改完成后，保存并退出 zoo.cfg 文件。

步骤 5：在 hadoop-node1 节点机器上执行以下命令，创建新目录/opt/zookeeperdata。

```
[root@hadoop-node1 conf]# mkdir /opt/zookeeperdata
```

接下来，在创建的新目录/opt/zookeeperdata 下执行以下命令，创建新文件 myid，并向 myid 文件中写入"1"。

```
[root@hadoop-node1 zookeeperdata]# echo 1 >> /opt/zookeeperdata/myid
```

步骤 6：分别在 hadoop-node2、hadoop-node3 节点机器中执行 mkdir 命令，创建新目录 /opt/zookeeperdata。

接下来，在 hadoop-node2 的/opt/zookeeperdata 下执行以下命令，创建新文件 myid，并向 myid 文件中写入"2"。

```
[root@hadoop-node2 zookeeperdata]# echo 2 >> /opt/zookeeperdata/myid
```

继续在 hadoop-node3 的/opt/zookeeperdata 下执行以下命令，创建新文件 myid，并向 myid 文件中写入"3"。

```
[root@hadoop-node3 zookeeperdata]# echo 3 >> /opt/zookeeperdata/myid
```

步骤 7：在主节点机器 hadoop-node1 上分别执行以下命令，将配置好的 apache-zookeeper-3.9.0-bin 安装包拷贝到 hadoop-node2、hadoop-node3 的对应目录下。

```
[root@hadoop-node1 local]# scp -r ./apache-zookeeper-3.9.0-bin/ root@hadoop-node2:$PWD
[root@hadoop-node1 local]# scp -r ./apache-zookeeper-3.9.0-bin/ root@hadoop-node3:$PWD
```

步骤 8：在三台节点机器上配置 ZooKeeper 环境变量。通过 vi/etc/profile 或者客户端工具打开 profile 配置文件，向文件末尾写入以下内容：

```
export ZOOKEEPER_HOME=/usr/local/apache-zookeeper-3.9.0-bin
export PATH=$PATH:$ZOOKEEPER_HOME/bin
```

在所有节点机器上执行以下命令，使配置文件生效。

```
source /etc/profile
```

步骤 9：在所有节点机器上执行以下命令，启动 ZooKeeper 守护进程，验证安装是否成功。

```
zkServer.sh start
```

命令执行完成后，在主节点机器 hadoop-node1 上执行脚本 jps-cluster.sh，查看守护进程运行情况。如果三台节点机器返回的结果中都显示了进程名称 QuorumPeerMain，则表示 ZooKeeper 安装与配置成功，如图 2-53 所示。

```
[root@hadoop-node1 ~]# zkServer.sh start
ZooKeeper JMX enabled by default
Using config: /usr/local/apache-zookeeper-3.9.0-bin/bin/../conf/zoo.cfg
Starting zookeeper ... STARTED
[root@hadoop-node1 ~]# jps-cluster.sh
---------- hadoop-node1 ----------
1448 QuorumPeerMain
---------- hadoop-node2 ----------
1440 QuorumPeerMain
---------- hadoop-node3 ----------
1442 QuorumPeerMain
[root@hadoop-node1 ~]#
```

图 2-53 ZooKeeper 守护进程查看结果

验证成功后,执行以下命令,停止 ZooKeeper 守护进程。

```
zkServer.sh stop
```

任务活动 2.3.2　HDFS HA 的安装与配置

本任务活动将在 Hadoop 集群主从节点机器 hadoop-node1、hadoop-node2、hadoop-node3 上配置 HDFS HA,具体操作步骤如下。

步骤 1:配置之前请关闭 Hadoop 集群的所有守护进程。通过 vi 命令或者 MobaXterm 工具打开主节点机器 hdoop-node1 的配置目录 /usr/local/hadoop-3.3.6/etc/hadoop/ 下的 hadoop-env.sh 文件,命令如下:

```
[root@hadoop-node1 ~]# vi /usr/local/hadoop-3.3.6/etc/hadoop/hadoop-env.sh
```

接下来,在打开的文件中删除或者注释掉以下内容。

```
# export HDFS_SECONDARYNAMENODE_USER=root
```

然后向 hadoop-env.sh 文件增加以下内容,输入完成后,保存并退出。

```
export HDFS_ZKFC_USER=root
export HDFS_JOURNALNODE_USER=root
```

步骤 2:配置 core-site.xml 文件。通过 vi 命令或者 MobaXterm 工具打开主节点机器 hdoop-node1 的配置目录/usr/local/hadoop-3.3.6/etc/hadoop/下的 core-site.xml 文件,命令如下:

```
[root@hadoop-node1 hadoop]# vi /usr/local/hadoop-3.3.6/etc/hadoop/core-site.xml
```

打开文件后,找到文件中的 fs.defaultFS 属性,将<value>hdfs://Hadoop-node1:9820</value>处属性的值修改为 hdfs://mycluster,修改完成后保存文件,然后向文件的<configuration></configuration>标签中添加如下内容:

```xml
<!--指定 ZooKeeper 集群地址-->
<property>
<name>ha.zookeeper.quorum</name>
<value>hadoop-node1:2181,hadoop-node2:2181,hadoop-node3:2181</value>
</property>
```

配置完成后,结果如图 2-54 所示。

步骤 3:配置 hdfs-site.xml 文件。通过 vi 命令或者 MobaXterm 工具打开主节点机器 hdoop-node1 的配置目录/usr/local/hadoop-3.3.6/etc/hadoop/下的 hdfs-site.xml 文件,命令如下:

```
[root@hadoop-node1 hadoop]# vi
/usr/local/hadoop-3.3.6/etc/hadoop/hdfs-site.xml
```

打开文件后,删除或者注释掉以下内容:

```xml
<!--
    <property>
        <name>dfs.namenode.secondary.http-address</name>
        <value>hadoop-node2:9868</value>
    </property>
-->
```

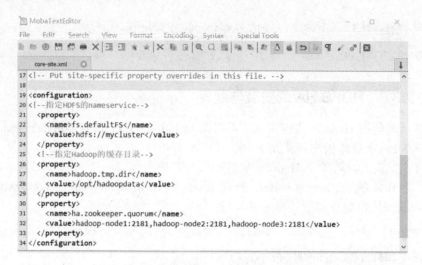

图 2-54　配置 core-site.xml 文件

接下来，在 hdfs-site.xml 的<configuration></configuration>标签中添加以下配置信息。

```xml
<configuration>
<!--设置副本个数-->
    <property>
        <name>dfs.replication</name>
        <value>2</value>
    </property>
    <!--设置 namenode.name 目录-->
    <property>
        <name>dfs.namenode.name.dir</name>
        <value>file:/opt/hadoopdata/name</value>
    </property>
    <!--设置 datanode.data 目录-->
    <property>
        <name>dfs.datanode.data.dir</name>
        <value>file:/opt/hadoopdata/data</value>
    </property>
    <!--开启 Web HDFS-->
    <property>
        <name>dfs.webhdfs.enabled</name>
        <value>true</value>
    </property>
    <!--指定 HDFS 的 nameservice，与 core-site.xml 中保持一致-->
    <property>
        <name>dfs.nameservices</name>
        <value>mycluster</value>
    </property>
    <!--指定 HDFS 的 nameservice 下，有两个 NameNode，分别是 nn1 和 nn2-->
    <property>
        <name>dfs.ha.namenodes.mycluster</name>
        <value>nn1,nn2</value>
```

```xml
</property>
<!--设置 nn1 的 RPC 通信地址-->
<property>
    <name>dfs.namenode.rpc-address.mycluster.nn1</name>
    <value>hadoop-node1:9820</value>
</property>
<!--设置 nn2 的 RPC 通信地址-->
<property>
    <name>dfs.namenode.rpc-address.mycluster.nn2</name>
    <value>hadoop-node2:9820</value>
</property>
<!--设置 nn1 的 http 通信地址-->
<property>
<name>dfs.namenode.http-address.mycluster.nn1</name><value>hadoop-node1:9870</value>
</property>
<!--设置 nn2 的 http 通信地址-->
<property>
    <name>dfs.namenode.http-address.mycluster.nn2</name>
    <value>hadoop-node2:9870</value>
</property>
<!--指定 NameNode 的元数据基于 Quorum Journal Manager (QJM) 的编辑日志存储
    目录的 URI-->
<property>
    <name>dfs.namenode.shared.edits.dir</name>
    <value>qjournal://hadoop-node1:8485;hadoop-node2:8485;
                hadoop-node3:8485/mycluster</value>
</property>
<!--指定 JournalNode 存储其编辑日志(edit logs)的本地目录-->
<property>
    <name>dfs.journalnode.edits.dir</name>
    <value>/opt/journalnode/data</value>
</property>
<!--设置失败时自动切换实现方式-->
<property>
    <name>dfs.client.failover.proxy.provider.mycluster</name> <value>
        org.apache.hadoop.hdfs.server.namenode.ha.
        ConfiguredFailoverProxyProvider</value>
</property>
<!--设置隔离机制方法,多个机制用换行分割,即每个机制暂用一行-->
<property>
    <name>dfs.ha.fencing.methods</name>
    <value>
        sshfence
        shell(/bin/true)
    </value>
</property>
```

```xml
<!--使用sshfence隔离机制时需要ssh免登录-->
<property>
    <name>dfs.ha.fencing.ssh.private-key-files</name>
    <value>/root/.ssh/id_rsa</value>
</property>
<!--开启NameNode失败自动切换-->
<property>
    <name>dfs.ha.automatic-failover.enabled</name>
    <value>true</value>
</property>
<!--设置sshfence隔离机制超时时间-->
<property>
    <name>dfs.ha.fencing.ssh.connect-timeout</name>
    <value>30000</value>
</property>
<!--关闭权限检查-->
<property>
    <name>dfs.permissions.enabled</name>
    <value>false</value>
</property>
</configuration>
```

步骤4：在/opt目录下创建二级子目录。在hadoop-node1、hadoop-node2、hadoop-node3三台节点机器中执行以下命令，创建子目录。

```
mkdir -p /opt/journalnode/data
```

步骤5：执行cd命令，进入主节点机器的/usr/local/hadoop-3.3.6/etc/hadoop/目录下，然后在主节点机器hadoop-node1上分别执行以下两行命令，将主节点机器/usr/local/hadoop-3.3.6/etc/hadoop目录下hadoop-env.sh、core-site.xml、hdfs-site.xml三个配置文件复制到hadoop-node2、hadoop-node3从节点机器相同的Hadoop配置目录下，覆盖同名文件。

```
[root@hadoop-node1 hadoop]
#  scp hadoop-env.sh core-site.xml hdfs-site.xml root@hadoop-node2:$PWD
[root@hadoop-node1 hadoop]
#  scp hadoop-env.sh core-site.xml hdfs-site.xml root@hadoop-node3:$PWD
```

步骤6：验证JournalNode进程能否正常启动。首先在三台节点机器上分别启动ZooKeeper进程，命令如下：

```
zkServer.sh start
```

然后在三台节点机器上分别启动JournalNode进程，命令如下：

```
hdfs --daemon start journalnode
```

最后执行jps-cluster.sh脚本，查看JournalNode进程启动情况，启动成功后的结果如图2-55所示。

```
[root@hadoop-node1 hadoop]# zkServer.sh start
ZooKeeper JMX enabled by default
Using config: /usr/local/apache-zookeeper-3.9.0-bin/bin/../conf/zoo.cfg
Starting zookeeper ... STARTED
[root@hadoop-node1 hadoop]# hdfs --daemon start journalnode
[root@hadoop-node1 hadoop]# jps-cluster.sh
---------- hadoop-node1 ----------
1578 QuorumPeerMain
1659 JournalNode
---------- hadoop-node2 ----------
1617 JournalNode
1529 QuorumPeerMain
---------- hadoop-node3 ----------
1531 QuorumPeerMain
1612 JournalNode
[root@hadoop-node1 hadoop]#
```

图 2-55　启动 JournalNode 进程

任务活动 2.3.3　NameNode 与 ZKFC 格式化

本任务活动将对 Hadoop 集群进行 NameNode 与 ZKFC 格式化，具体操作步骤如下。

步骤 1：首先在三台节点机器上分别启动 QuorumPeerMain 与 JournalNode 进程。然后在主节点 hadoop-node1 上通过执行命令格式化 NameNode。如果格式化界面出现以下内容，则表示格式化成功，如图 2-56 所示。格式化命令如下：

```
[root@hadoop-node1 ~]# hdfs namenode-format

INFO common.Storage: Storage directory /opt/hadoopdata/name has been
successfully formatted.
```

```
2023-08-18 19:04:10,705 INFO snapshot.SnapshotManager: SkipList is disabled
2023-08-18 19:04:10,711 INFO util.GSet: Computing capacity for map cachedBlocks
2023-08-18 19:04:10,711 INFO util.GSet: VM type       = 64-bit
2023-08-18 19:04:10,711 INFO util.GSet: 0.25% max memory 440.8 MB = 1.1 MB
2023-08-18 19:04:10,711 INFO util.GSet: capacity      = 2^17 = 131072 entries
2023-08-18 19:04:10,747 INFO metrics.TopMetrics: NNTop conf: dfs.namenode.top.window.num.buckets = 10
2023-08-18 19:04:10,747 INFO metrics.TopMetrics: NNTop conf: dfs.namenode.top.num.users = 10
2023-08-18 19:04:10,747 INFO metrics.TopMetrics: NNTop conf: dfs.namenode.top.windows.minutes = 1,5,25
2023-08-18 19:04:10,755 INFO namenode.FSNamesystem: Retry cache on namenode is enabled
2023-08-18 19:04:10,755 INFO namenode.FSNamesystem: Retry cache will use 0.03 of total heap and retry cache entry expir
me is 600000 millis
2023-08-18 19:04:10,759 INFO util.GSet: Computing capacity for map NameNodeRetryCache
2023-08-18 19:04:10,759 INFO util.GSet: VM type       = 64-bit
2023-08-18 19:04:10,759 INFO util.GSet: 0.029999999329447746% max memory 440.8 MB = 135.4 KB
2023-08-18 19:04:10,759 INFO util.GSet: capacity      = 2^14 = 16384 entries
2023-08-18 19:04:12,769 INFO namenode.FSImage: Allocated new BlockPoolId: BP-359141756-192.168.72.101-1692356652768
2023-08-18 19:04:12,804 INFO common.Storage: Storage directory /opt/hadoopdata/name has been successfully formatted.
2023-08-18 19:04:13,102 INFO namenode.FSImageFormatProtobuf: Saving image file /opt/hadoopdata/name/current/fsimage.ckp
0000000000000000 using no compression
2023-08-18 19:04:13,468 INFO namenode.FSImageFormatProtobuf: Image file /opt/hadoopdata/name/current/fsimage.ckpt_00000
0000000000 of size 399 bytes saved in 0 seconds .
2023-08-18 19:04:13,503 INFO namenode.NNStorageRetentionManager: Going to retain 1 images with txid >= 0
2023-08-18 19:04:13,603 INFO namenode.FSNamesystem: Stopping services started for active state
2023-08-18 19:04:13,604 INFO namenode.FSNamesystem: Stopping services started for standby state
2023-08-18 19:04:13,616 INFO namenode.FSImageSaver clean checkpoint: txid=0 when meet shutdown.
2023-08-18 19:04:13,617 INFO namenode.NameNode: SHUTDOWN_MSG:
/************************************************************
SHUTDOWN_MSG: Shutting down NameNode at hadoop-node1/192.168.72.101
************************************************************/
[root@hadoop-node1 hadoop]#
```

图 2-56　NameNode 格式化成功

步骤 2：进入主节点机器 hadoop-node1 的/opt/目录下，将主节点机器 hadoop-node1 的元数据复制到 hadoop-node2 节点机器的/opt/目录下，命令如下：

```
[root@hadoop-node1 opt]# scp -r ./hadoopdata/ root@hadoop-node2:$PWD
```

步骤 3：在主节点机器 hadoop-node1 上执行命令，开始格式化 ZKFC。如果格式化界面出现以下内容，则表示 ZKFC 格式化成功，如图 2-57 所示。格式化命令如下：

```
[root@hadoop-node1 ~]# hdfs namenode-format
```

INFO ha.ActiveStandbyElector: Successfully created /hadoop-ha/mycluster in ZK.

图 2-57 ZKFC 格式化成功

步骤 4：在所有三台节点机器上分别执行以下命令，停止 JournalNode 与 QuorumPeerMain 进程。

```
hdfs --daemon stop journalnode
zkServer.sh stop
```

【任务验证】

通过任务活动 2.3.1 至 2.3.3，我们完成了 Hadoop 集群 HDFS HA 的搭建、安装与配置，接下来，我们将进行本工作任务正确性的验证。

1. 启动集群服务进程

（1）启动 ZooKeeper。在所有节点机器上执行以下命令，启动 ZooKeeper。

```
zkServer.sh start
```

（2）启动集群 HDFS。在主节点机器 hadoop-node1 上，执行以下命令，启动集群 HDFS。

```
[root@hadoop-node1 ~]# start-dfs.sh
```

接下来，在主节点机器 hadoop-node1 上执行 jps-cluster.sh 脚本，查看进程启动情况，如图 2-58 所示。

如果显示图 2-58 所示的所有进程，则说明启动正确，验证成功。在图 2-58 所示的进程中，DFSZKFailoverController 进程是 NameNode 进程的守护进程，负责监控 NameNode 进程的状态以及状态的切换；JournalNode 进程负责整个 Hadoop 集群的日志管理。

```
[root@hadoop-node1 ~]# jps-cluster.sh
---------- hadoop-node1 ----------
2064 JournalNode
1681 NameNode
2289 DFSZKFailoverController
1444 QuorumPeerMain
1819 DataNode
---------- hadoop-node2 ----------
1635 DataNode
1558 NameNode
1882 DFSZKFailoverController
1741 JournalNode
1439 QuorumPeerMain
---------- hadoop-node3 ----------
1441 QuorumPeerMain
1554 DataNode
1653 JournalNode
[root@hadoop-node1 ~]#
```

图 2-58　查看三台节点机器的进程

2. 验证 HDFS Web 界面

Hadoop 集群正常启动后，在浏览器中分别输入 http://hadoop-node1:9870 和 http://hadoop-node2:9870，打开节点机器 hadoop-node1 和 hadoop-node2 的 HDFS Web 界面，hadoop-node1 的状态是 Active(活跃)，hadoop-node2 目前的状态是 standby(备用)，如图 2-59、图 2-60 所示，至于哪一个节点机器是 active，第一次启动的时候随机选取 active 节点机器。

如果显示图 2-59、图 2-60 所示的信息，则说明 HDFS 配置和启动正确，验证成功。

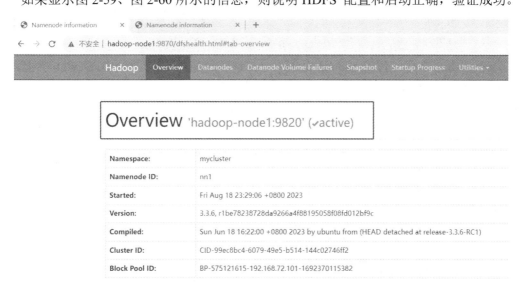

图 2-59　hadoop-node1 节点机器 HDFS Web 界面

3. 验证 Hadoop HDFS 的 HA 故障转移

启动集群后，节点机器的 NameNode 是 active(活跃)状态还是 standby(备用)状态由集群自动决定。本任务活动中，hadoop-node1 目前的状态是 active，hadoop-node2 目前的状态是 Standby。本任务活动验证集群 NameNode 节点机器故障后，集群故障能否自动转移，并自动将备用的 NameNode 节点机器变成 active 状态。

因此，我们可以手动制造一个故障。通过手动执行命令，将 hadoop-node1 节点机器的 NameNode 进程停止，然后查验集群故障能否自动转移，并将 hadoop-node2 节点机器目前的 standby 状态变为 active 状态。

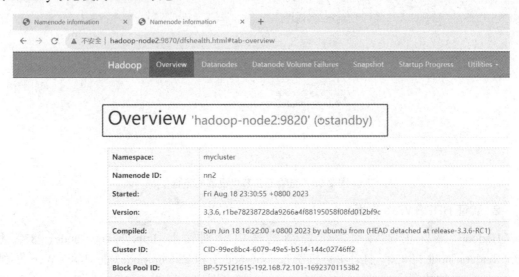

图 2-60　hadoop-node2 节点机器 HDFS Web 界面

接下来，执行如下命令，停止 hadoop-node1 节点机器的 NameNode 进程。

```
[root@hadoop-node1 ~]# hdfs --daemon stop namenode
```

执行以上命令后，访问 hadoop-node1、hadoop-node2 节点机器 HDFS Web 界面，如图 2-61、图 2-62 所示。

图 2-61　hadoop-node1 节点机器 HDFS Web 界面无法访问

再执行以下命令，手动启动 hadoop-ndoe1 节点机器的 NameNode 进程。

```
[root@hadoop-node1 ~]# hdfs --daemon start namenode
```

执行命令后，再次刷新浏览器，查看 hadoop-node1 HDFS Web 界面，发现 hadoop-node1 节点的 NameNode 变成了 standby 状态，如图 2-63 所示。

通过以上步骤，验证了 Hadoop HDFS HA 的安装与配置，其结果正确。

在以上验证步骤中，是通过 Web 界面查看 NameNode 状态的。此外，也可以通过命令来查看 HDFS 各节点机器的运行状态，命令如下：

```
[root@hadoop-node1 ~]# hdfs haadmin -getServiceState nn1
[root@hadoop-node1 ~]# hdfs haadmin -getServiceState nn2
```

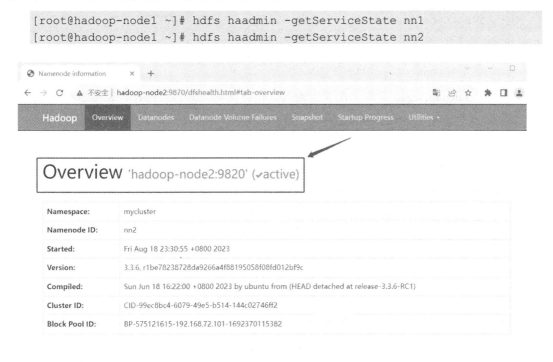

图 2-62　查看节点机器故障转移是否成功

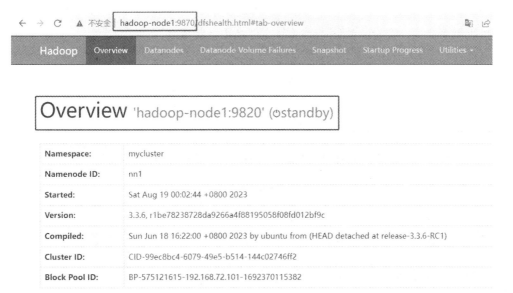

图 2-63　hadoop-node1 节点变成 standby 状态

4. 验证和测试 MapReduce 程序的运行

我们在 Hadoop 集群上运行 MapReduce 程序 wordcount，验证集群 HDFS HA 是否可用。
1）创建 wordcount.input 文件
我们首先在主节点机器 hadoop-node1 的/usr/local/hadoop-3.3.6/目录下，创建子目录

/usr/local/hadoop-3.3.6/input/ 目录，然后创建 wordcount.input 文件。依次执行以下命令：

```
[root@hadoop-node1 ~]# cd /usr/local/hadoop-3.3.6/
[root@hadoop-node1 hadoop-3.3.6]# mkdir input/
[root@hadoop-node1 hadoop-3.3.6]# cd input/
[root@hadoop-node1 input]# touch wordcount.input
```

打开 wordcount.input 文件，在其中输入几行英文单词，然后保存，如图 2-64 所示。

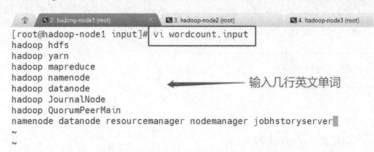

图 2-64　编辑 wordcount.input 文件

2）上传 wordcount.input 文件到 HDFS

在主节点机器 hadoop-node1 上执行以下命令，将 wordcount.input 文件上传到 HDFS 中。

```
[root@hadoop-node1 hadoop-3.3.6]# hdfs dfs -mkdir -p /user/root/input/
[root@hadoop-node1 hadoop-3.3.6]# hdfs dfs -put
/usr/local/hadoop-3.3.6/input/wordcount.input /user/root/input/
```

执行以下命令，查看 wordcount.input 文件是否上传成功。

```
[root@hadoop-node1 hadoop-3.3.6]# hdfs dfs -ls /user/root/input/
```

3）执行 MapReduce 程序进行单词统计

执行以下命令，运行 MapReduce 单词统计程序，验证 HDFS 能否正常保存运行结果文件。

```
[root@hadoop-node1 hadoop-3.3.6]# hadoop jar
share/hadoop/mapreduce/hadoop-mapreduce-examples-3.3.6.jar wordcount
/user/root/input/  /user/root/output/
```

运行结果如图 2-65 所示，出现"mapreduce.Job: map 100% reduce 100%"与"successfully"字样，表示 wordcount 程序运行成功。

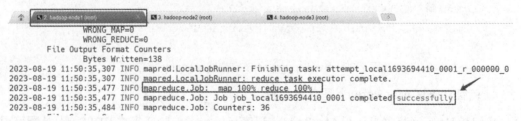

图 2-65　wordcount 程序运行成功

接下来，我们通过执行以下命令，查看 HDFS 中保存的运行结果文件，命令执行结果如图 2-66 所示。

```
[root@hadoop-node1 hadoop-3.3.6]# hdfs dfs -cat /user/root/output/part*
```

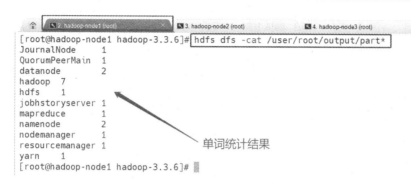

图 2-66　单词统计结果

5. 停止集群服务进程

在主节点机器 hadoop-node1 上执行以下命令，验证 HDFS 服务进程能否正常停止。

```
[root@hadoop-node1 hadoop-3.3.6]# stop-dfs.sh
```

然后继续在三台服务器节点机器上分别执行以下命令，停止 ZooKeeper 的服务进程。

```
[root@hadoop-node1 hadoop-3.3.6]# zkServer.sh stop
[root@hadoop-node2 hadoop-3.3.6]# zkServer.sh stop
[root@hadoop-node3 hadoop-3.3.6]# zkServer.sh stop
```

完成以上命令后，执行 jps-cluster.sh 脚本，查看三台服务器节点机器的所有进程是否全部停止，如图 2-67 所示。

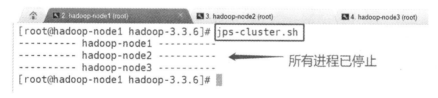

图 2-67　成功停止 Hadoop 集群所有进程

到此，Hadoop 集群的 HDFS HA 验证完成。如果在验证过程中都能得到以上结果，则表示实施 Hadoop 集群的 HDFS HA 安装与配置的过程全部正确。

【任务评估】

本任务的评估如表 2-6 所示，请根据工作任务实践情况进行评估。

表 2-6　自我评估与项目小组评价

任务名称						
小组编号		场地号		实施人员		
自我评估与同学互评						
序　号	评估项	分　值	评估内容		自我评价	
1	任务完成情况	30	按时、按要求完成任务			
2	学习效果	20	学习效果达到学习要求			
3	笔记记录	20	记录规范、完整			
4	课堂纪律	15	遵守课堂纪律，无事故			
5	团队合作	15	服从组长安排，团队协作意识强			
自我评估小计						
任务小结与反思：通过完成上述任务，你学到了哪些知识或技能？						
组长评价：						

项目工作总结

【工作任务小结】

通过本项目工作任务的实施，读者要理解通过虚拟化技术搭建一个基于 Linux 集群的 Hadoop 大数据平台构建大数据中心工作场景。根据场景的工作内容，读者需掌握 Linux 服务器 Hadoop 集群环境配置、Hadoop NameNode 单节点集群的安装与配置，以及 Hadoop 集群 HDFS HA 安装与配置三个工作任务的详细操作步骤。

下面请根据本项目工作任务的实施内容，从任务分析、任务准备、任务实施、任务验证及任务评估这一流程中遇到的问题、解决办法，以及收获和体会等方面进行总结，并形成报告。

【举一反三能力】

(1) 通过查阅资料并动手实践，在面向 Mac 操作系统的虚拟机软件 VMware Fusion 中实施本项目的三个工作任务。

(2) 查阅 1+X 等"大数据平台运维"职业技能等级标准，梳理本项目工作任务的哪些技术技能与职业技能等级标准对应，如 1+X 的职业技能等级标准初级中的"Hadoop 平台安装""Hadoop 文件参数配置""Zookeeper 组件安装配置""大数据平台实施方案的制订"等。

(3) 通过查阅资料并结合本项目工作任务的实践经验，思考针对不同的大数据平台搭建工作场景时应如何进行集群安装与配置方案的设计。

(4) 通过本项目的实施，学会以下几个开源官网资源的使用。

① Hadoop 官网：hadoop.apache.org。

② Apache 产品的下载地址：https://archive.apache.org/dist/。

③ Hadoop 官方文档：https://hadoop.apache.org/docs/stable/hadoop-project-dist/hadoop-common/SingleCluster.html。

【对接产业技能】

通过本项目工作任务的实施，对接产业技能如下。

(1) 大数据平台系统架构典型行业应用场景。
(2) 根据大数据行业项目需求初步设计大数据平台安装与配置方案。
(3) 大数据实施和运维流程。
(4) Hadoop HDFS HA 集群安装与配置。
(5) Hadoop HDFS HA 集群服务进程的启动与日常维护。

技能拓展训练

【基本技能训练】

通过本项目工作任务的实施,请回答以下问题。

(1) Hadoop 集群基础环境配置包含哪些工作活动?

(2) Hadoop 集群 HDFS NameNode 单节点安装与配置工作任务的任务准备、任务实施、任务验证的任务活动及步骤有哪些?

(3) Hadoop 集群 HDFS HA 的安装与配置工作任务的任务准备、任务实施、任务验证的任务活动及步骤有哪些?

【综合技能训练】

参照本项目工作任务的实施,查找相关技术资料,在三个服务器节点机器 Linux01、Linux02、Linux03 上安装与配置 Hadoop 集群 HDFS HA,并总结工作任务的安装与配置,以及在安装过程中遇到的问题和解决方案。

项目综合评价

【评价方法】

本项目的实施评价采用自评、学习小组评价、教师评价相结合的方式,分别从项目实施情况、核心任务完成情况、拓展训练情况进行打分。

【评价指标】

本项目的评价指标体系如表 2-7 所示,请根据学习实践情况进行打分。

表 2-7 项目评价表

项目评价表		项目名称		项目承接人		小组编号		
		Hadoop HDFS 高可用集群搭建						
项目开始时间		项目结束时间		小组成员				
评价指标			分值	评价细则		自评	小组评价	教师评价
项目实施情况(20分)	纪律(5分)	项目实施准备	1	准备教材、记录本、笔、设备等				
		积极思考回答问题	2	视情况得分				
		跟随教师进度	2	视情况得分				
		违反课堂纪律	0	此为否定项,如有违反,根据情况直接在总得分基础上扣0~5分				
	考勤(5分)	迟到、早退	5	迟到、早退,每项扣2.5分				
		缺勤	0	此为否定项,如有出现,根据情况直接在总得分基础上扣0~5分				
	职业道德(5分)	遵守规范	3	根据实际情况评分				
		认真钻研	2	依据实施情况及思考情况评分				
	职业能力(5分)	总结能力	3	按总结的全面性、条理性进行评分				
		举一反三能力	2	根据实际情况评分				

续表

评价指标			分值	评价细则	自评	小组评价	教师评价
核心任务完成情况(60分)	Hadoop HDFS 高可用集群搭建(40分)	Linux 服务器 Hadoop 集群基础环境配置	2	能配置网卡、主机名及 IP 映射			
			2	能熟练运用 Linux 客户端工具			
			8	能安装与配置 yum 源、OpenSSL、SSH 免密登录、集群时间同步、JDK 的安装			
		Hadoop 集群 NameNode 单节点安装与配置	3	能根据工作任务设计单节点集群规划方案及任务实施准备			
			5	能在主从节点上进行 Hadoop 集群 NameNode 单节点的安装与配置			
			4	能进行 HDFS 格式化和配置验证			
		Hadoop 集群 HDFS HA 的安装与配置	3	能根据工作任务设计单节点集群规划方案及任务实施准备			
			3	能进行 ZooKeeper 的安装与配置			
			5	能进行 HDFS HA 的安装与配置			
			5	能进行 HDFS、ZKFC 格式化和集群验证			
	综合素养(20分)	语言表达	5	互动、讨论、总结过程中的表达能力			
		问题分析	5	问题分析情况			

续表

评价指标			分值	评价细则	自评	小组评价	教师评价
核心任务完成情况(60分)	综合素养(20分)	团队协作	5	实施过程中的团队协作情况			
		工匠精神	5	敬业、精益、专注、创新等			
拓展训练情况(20分)	基本技能和综合技能(20分)	基本技能训练	10	基本技能训练情况			
		综合技能训练	10	综合技能训练情况			
总分							
综合得分(自评20%,小组评价30%,教师评价50%)							
组长签字:				教师签字:			

项目 3　Hadoop YARN 高可用集群搭建与维护

📖 工作场景描述

在大数据产业的应用场景中，启动 YARN 这个核心组件的原因有以下几个方面。

(1) 资源管理。YARN 是一个资源管理系统，可以对集群中的计算资源进行统一的管理和调度。它可以将集群中的计算资源分配给不同的应用程序，以确保每个应用程序都能够获得足够的资源来运行。

(2) 提高可扩展性。YARN 具有很好的可扩展性，可以根据需要动态地增加或减少集群中的计算资源。这使得它能够适应不同规模的数据处理需求，提高了系统的灵活性和可用性。

(3) 增强容错性。YARN 具有强大的容错能力，可以在节点故障或应用程序崩溃时自动进行恢复。它可以通过重新分配任务到其他节点来保证应用程序的正常运行，从而降低了系统的风险，缩短了停机时间。

(4) 提供多租户支持。YARN 支持多租户的应用场景，可以将集群中的计算资源分配给不同的用户或组织。这使得多个用户可以同时使用同一个集群，提高了资源的利用率和效率。

(5) 良好的兼容性。YARN 是 Hadoop 生态系统的核心组件之一，与 Hadoop 的其他组件(如 HDFS、MapReduce 等)具有良好的兼容性。这意味着可以使用 YARN 来运行各种基于 Hadoop 的应用程序，简化了系统的集成和管理。

某单位的大数据项目实施需要通过虚拟化技术搭建一个基于 Linux 集群的 Hadoop 大数据平台构建大数据中心，大数据运维工程师接到工作任务后，以本书项目 2 的 Hadoop 集群 HDFS HA 的安装与配置结果作为本任务的起点，按照项目 3 的步骤实施 Hadoop YARN 高可用集群搭建与维护、HDFS 命令与编程方式访问集群的相关工作任务。

📖 工作任务导航

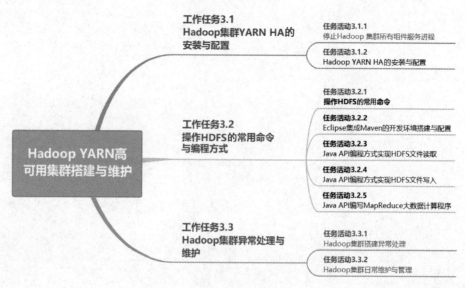

项目任务目标

知识目标

理解本项目的工作场景。
理解本项目工作任务及任务活动实施先后的逻辑关系。
掌握 Hadoop 集群 YARN HA 的安装与配置。
理解 Hadoop 集群 YARN 的结构及工作原理。
掌握 Hadoop 集群 YARN 的 Web 管理界面访问与常用操作。
掌握 Hadoop 集群常用的异常处理与维护方法。
掌握 Hadoop HDFS 常用命令的使用。
掌握 Hadoop HDFS Java API 的编程访问。

技能目标

具备根据需求规划设计集群搭建与部署方案的基本能力。
具备 Hadoop 集群 YARN HA 安装与配置的能力。
具备 Hadoop 集群异常处理与维护的基本能力。
具备 Hadoop HDFS 常用命令的使用能力。
具备 Hadoop HDFS Java API 的编程访问的基本能力。

素养目标

培养严谨的学习态度与埋头苦干、精益求精的工作态度。
培养团队协作、齐头并进的精神。
培养根据工作场景进行技术解决方案设计的专业素养。
培养 Hadoop YARN HA 集群搭建与维护的专业素养。
培养 Hadoop HDFS Java API 的编程素养。
培养大数据平台异常处理和维护的专业素养。
培养敬业、精益、专注、创新的大国工匠精神。

工作任务 3.1　Hadoop 集群 YARN HA 的安装与配置

【任务描述】

通过本工作任务的实施，实现 Hadoop 集群三台节点 YARN High Availability(YARN HA，YARN 的高可用性)的搭建，主要包括 Hadoop YARN HA 安装前准备、Hadoop YARN HA 的安装与配置、Hadoop 集群 YARN HA 的验证。验证内容包括启动集群服务进程，验证 Hadoop YARN HA 故障转移，停止集群服务，查看历史服务器，测试在 YARN 上运行 MapReduce 程序。

Hadoop 集群 YARN HA
的安装与配置(微课)

【任务分析】

要实现本工作任务，首先，需要完成项目 2 中 Hadoop 集群 HDFS HA 的搭建。其次，需要深刻理解 YARN 的工作原理及架构。再次，根据工作场景、工作任务内容设计集群 YARN HA 搭建方案。通过本工作任务的实施，完成 Hadoop 完全分布式 YARN HA 搭建、配置与验证。

【任务准备】

1. Apache Hadoop YARN 简介

Apache Hadoop YARN 是一个通用的资源管理和任务调度平台，它起源于 Hadoop 2 并旨在改善 MapReduce。然而，随着时间的推移，YARN 发展出了更多的功能，现在它可以支持多种计算框架，如 MapReduce、Tez 和 Spark 等，只要这些计算框架实现了 YARN 所定义的接口，都可以运行在这套通用的 Hadoop 资源管理和任务调度平台上。

在架构上，YARN 主要由以下组件构成：ResourceManager、NodeManager 和 ApplicationMaster。ResourceManager 是整个系统的中央管理器，负责接收客户端请求、集群中的资源分配和任务调度管理。NodeManager 可以在每台服务器上运行，主要负责单个节点上的资源管理和任务监控，并向 ResourceManager 汇报各节点的状态。另外，为了提供更高的可用性和故障恢复能力，YARN 引入了 ApplicationMaster，它负责与 ResourceManager 协商资源，并向 NodeManager 下达具体的命令。YARN 的架构如图 3-1 所示。当一个应用程序启动时，它会首先向 ResourceManager 申请资源，并启动一个 ApplicationMaster。然后 ApplicationMaster 会与 ResourceManager 协商获取资源，并在获取资源后与 NodeManager 通信以启动任务。一旦任务运行完成，ApplicationMaster 会将结果报告给 ResourceManager，最后由 ResourceManager 将结果返回给客户端。

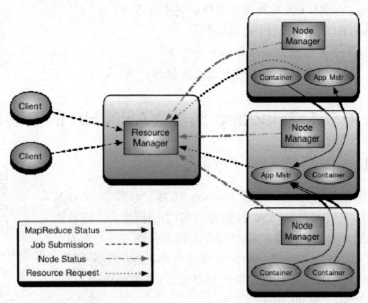

图 3-1 Hadoop YARN 的系统架构(出自 Hadoop YARN 官方文档)

在 Hadoop 3.x 版本的 YARN HA 模式下，YARN 的架构会有两个及以上 ResourceManager 和一个共享的存储系统。这两个或多个 ResourceManager 通过心跳机制进行通信，以确保在一个 ResourceManager 出现故障时，另一个可以快速接管其工作，这种高可用架构设计提高了系统的可靠性和稳定性，确保了数据处理任务的连续。

2. 准备三台集群服务器节点机器

准备好项目 2 中工作任务 2.3 已配置并验证完成的 Hadoop 集群 HDFS HA 的 hadoop-node1、hadoop-node2 和 hadoop-node3 三台节点机器。

3. 集群规划

本工作任务三台集群节点机器的服务进程规划如表 3-1 所示。

表 3-1 本工作任务三台集群节点机器的服务进程规划

组 件	节点服务		
	hadoop-node1	hadoop-node2	hadoop-node3
ZooKeeper	QuorumPeerMain	QuorumPeerMain	QuorumPeerMain
HDFS	NameNode	NameNode	
	DataNode	DataNode	DataNode
	JournalNode	JournalNode	JournalNode
	DFSZKFailoverController	DFSZKFailoverController	
YARN	ResourceManager	ResourceManager	
	NodeManager	NodeManager	NodeManager
	ApplicationHistoryServer	ApplicationHistoryServer	ApplicationHistoryServer
MapReduce	JobHistoryServer	JobHistoryServer	JobHistoryServer

【任务实施】

任务活动 3.1.1　停止 Hadoop 集群所有组件服务进程

本任务活动将检查 Hadoop 集群三台节点机器 hadoop-node1、hadoop-node2、hadoop-node3 的服务进程，并关闭服务进程，如果已关闭，则忽略本任务活动的操作步骤，具体步骤如下。

步骤 1：在主节点机器 hadoop-node1 命令行执行如下命令，查看当前集群已启动的服务进程。

```
[root@hadoop-node1 ~]# jps-cluster.sh
```

执行结果如图 3-2 所示，可以看出已启动了 HDFS 和 ZoooKeeper。

步骤 2：在主节点机器 hadoop-node1 命令行执行如下命令，关闭 HDFS 服务进程。

```
[root@hadoop-node1 ~]# stop-dfs.sh
```

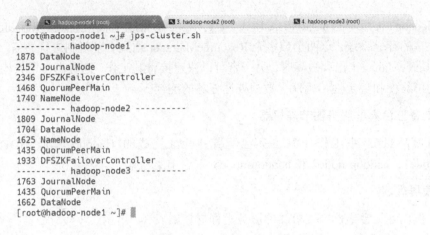

图 3-2　查看 Hadoop 集群启动的服务进程

步骤 3：在三台节点机器 hadoop-node1、hadoop-node2、hadoop-node3 命令行执行如下命令，关闭 ZoooKeeper 的进程。

```
[root@hadoop-node1 ~]# zkServer.sh stop
[root@hadoop-node2 ~]# zkServer.sh stop
[root@hadoop-node3 ~]# zkServer.sh stop
```

任务活动 3.1.2　Hadoop YARN HA 的安装与配置

本任务活动将在 Hadoop 集群节点机器 hadoop-node1、hadoop-node2、hadoop-node3 上配置 YARN HA，具体配置步骤如下。

步骤 1：配置之前请关闭 Hadoop 集群的所有守护进程或服务进程。通过 vi 命令或者 MobaXterm 工具打开主节点机器 hdoop-node1 配置目录/usr/local/hadoop-3.3.6/etc/hadoop/下的 hadoop-env.sh 文件，命令如下：

```
[root@hadoop-node1 ~]# vi /usr/local/hadoop-3.3.6/etc/hadoop/hadoop-env.sh
```

接下来，在打开的 hadoop-env.sh 文件的首行前，添加以下内容后保存文件。

```
export YARN_NODEMANAGER_USER=root
export YARN_RESOURCEMANAGER_USER=root
```

步骤 2：打开主节点机器 hadoop-node1 的配置目录/usr/local/hadoop-3.3.6/etc/hadoop/下的 mapred-site.xml 文件，在<configuration></configuration>标签之间写入以下配置内容：

```xml
<configuration>
<!--指定 MapReduce 框架为 YARN 方式-->
  <property>
    <name>mapreduce.framework.name</name>
    <value>yarn</value>
  </property>
<property>
    <name>yarn.app.mapreduce.am.env</name>
    <value>HADOOP_MAPRED_HOME=/usr/local/hadoop-3.3.6</value>
</property>
```

```xml
<property>
    <name>mapreduce.map.env</name>
    <value>HADOOP_MAPRED_HOME=/usr/local/hadoop-3.3.6</value>
</property>
<property>
    <name>mapreduce.reduce.env</name>
    <value>HADOOP_MAPRED_HOME=/usr/local/hadoop-3.3.6</value>
</property>
<property>
    <name>mapreduce.jobhistory.intermediate-done-dir</name>
    <value>/mr-history/tmp</value>
</property>
<property>
    <name>mapreduce.jobhistory.cleaner.enable</name>
    <value>true</value>
</property>
<property>
    <name>mapreduce.jobhistory.cleaner.interval-ms</name>
    <value>86400000</value>
</property>
</configuration>
```

步骤 3：打开主节点机器 hadoop-node1 的配置目录/usr/local/hadoop-3.3.6/etc/hadoop/下的 yarn-site.xml 文件，在<configuration></configuration>标签之间写入以下配置内容：

```xml
<configuration>
  <!-- 设置 nodemanager 的缓存大小 -->
  <property>
    <name>yarn.nodemanager.resource.memory-mb</name>
    <value>2048</value>
  </property>
  <!-- 设置 scheduler 的缓存值上限 -->
  <property>
    <name>yarn.scheduler.maximum-allocation-mb</name>
    <value>2048</value>
  </property>
  <!-- 设置 nodemanager 的 CPU 虚拟内核数 -->
  <property>
    <name>yarn.nodemanager.resource.cpu-vcores</name>
    <value>1</value>
  </property>
  <!--设置 NodeManager 启动时加载 Shuffle 服务-->
  <property>
    <name>yarn.nodemanager.aux-services</name>
    <value>mapreduce_shuffle</value>
  </property>
  <!--启动 yarn ResourceManager 的 HA 模式-->
  <property>
    <name>yarn.resourcemanager.ha.enabled</name>
    <value>true</value>
```

```xml
    </property>
    <!--设置yarn ResourceManager 的集群 ID-->
    <property>
      <name>yarn.resourcemanager.cluster-id</name>
      <value>yrc</value>
    </property>
    <!--指定yarn ResourceManager 实现 HA 的节点名称-->
    <property>
      <name>yarn.resourcemanager.ha.rm-ids</name>
      <value>rm1,rm2</value>
    </property>
    <!--设置启动 rm1 的主机为节点机 node1-->
    <property>
      <name>yarn.resourcemanager.hostname.rm1</name>
      <value>hadoop-node1</value>
    </property>
    <!--设置启动 rm2 的主机为节点机 node2-->
    <property>
      <name>yarn.resourcemanager.hostname.rm2</name>
      <value>hadoop-node2</value>
    </property>
    <!--设置 rm1 的 Web 地址-->
    <property>
      <name>yarn.resourcemanager.webapp.address.rm1</name>
      <value>hadoop-node1:8088</value>
    </property>
    <!--设置 rm2 的 Web 地址-->
    <property>
      <name>yarn.resourcemanager.webapp.address.rm2</name>
      <value>hadoop-node2:8088</value>
    </property>
    <!--设置 ZooKeeper 集群地址，集群间的协调管理离不开 ZooKeeper 配置-->
    <property>
      <name>yarn.resourcemanager.zk-address</name>
      <value>hadoop-node1:2181,hadoop-node2:2181,hadoop-node3:2181</value>
    </property>
</configuration>
```

步骤 4：打开主节点机器 hadoop-node1 的配置目录/usr/local/hadoop-3.3.6/etc/hadoop/下的 yarn-env.sh 文件，在文件中追加写入以下配置内容。

```
HADOOP_OPTS="$HADOOP_OPTS -Duser.timezone=GMT+08"
```

步骤 5：从节点机器 hadoop-node2、hadoop-node3 的配置。进入从节点机器的 /usr/local/hadoop-3.3.6/etc/hadoop 配置目录，依次执行以下命令，将主节点机器 hadoop-node1 的 hadoop-env.sh、mapred-site.xml、yarn-env.sh 和 yarn-site.xml 4 个文件复制到其他两个从节点机器中。

```
[root@node1 hadoop]#   scp hadoop-env.sh mapred-site.xml yarn-env.sh
                       yarn-site.xml root@hadoop-node2:$PWD
```

```
[root@node1 hadoop]# scp hadoop-env.sh mapred-site.xml yarn-env.sh
                     yarn-site.xml root@hadoop-node3:$PWD
```

【任务验证】

通过任务活动 3.3.1 与 3.3.2，完成了 Hadoop 集群 HDFS HA 的搭建、安装与配置。接下来进行本工作任务正确性的验证。

1. 启动集群所有服务进程

(1) 启动 ZooKeeper。在所有节点机器上执行以下命令，启动 ZooKeeper。

```
zkServer.sh start
```

(2) 启动集群 HDFS。在主节点机器 hadoop-node1 上执行以下命令，启动集群 HDFS。

```
[root@hadoop-node1 ~]# start-dfs.sh
```

接下来，在主节点机器 hadoop-node1 上执行 jps-cluster.sh 脚本，查看进程启动情况，如图 3-3 所示。

```
[root@hadoop-node1 ~]# jps-cluster.sh
---------- hadoop-node1 ----------
2064 JournalNode
1681 NameNode
2289 DFSZKFailoverController
1444 QuorumPeerMain
1819 DataNode
---------- hadoop-node2 ----------
1635 DataNode
1558 NameNode
1882 DFSZKFailoverController
1741 JournalNode
1439 QuorumPeerMain
---------- hadoop-node3 ----------
1441 QuorumPeerMain
1554 DataNode
1653 JournalNode
[root@hadoop-node1 ~]#
```

图 3-3 启动 HDFS 后查看三台节点机器进程

(3) 启动集群 YARN。在主节点机器 hadoop-node1 上执行以下命令，启动集群 YARN。

```
[root@hadoop-node1 ~]# start-yarn.sh
```

接下来，在主节点机器 hadoop-node1 上执行 jps-cluster.sh 脚本，查看进程启动情况，如图 3-4 所示。

(4) 启动历史服务。在三台节点机器 hadoop-node1、hadoop-node2、hadoop-node3 上分别执行以下命令，启动历史服务。

```
mapred --daemon start historyserver
yarn --daemon start timelineserver
```

接下来，在主节点机器 hadoop-node1 上执行 jps-cluster.sh 脚本，查看进程启动情况，如图 3-5 所示。

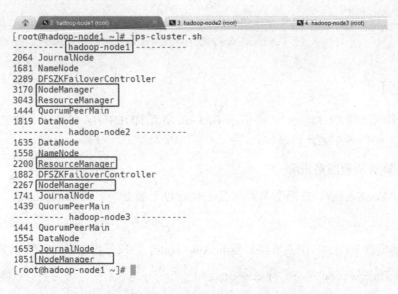

图 3-4　启动 YARN 后查看三台节点机器进程

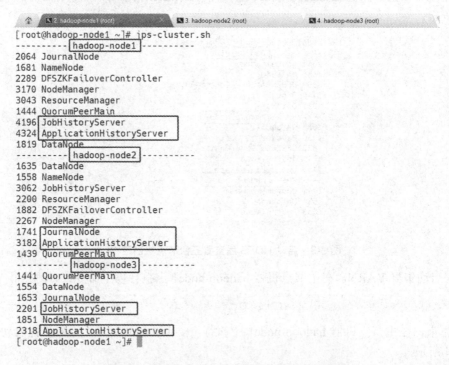

图 3-5　启动历史服务后查看三台节点机器进程

2. 验证 YARN Web 界面

Hadoop 集群正常启动后，在浏览器中分别输入 http://hadoop-node1:8088/cluster/cluster 和 http://hadoop-node2:8088/cluster/cluster，打开节点机器 hadoop-node1 和 hadoop-node2 的 YARN Web 界面，hadoop-node2 是 Active 状态，hadoop-node1 目前是 Standby 状态，如图 3-6、图 3-7 所示。哪一个节点是 Active，是在第一次启动的时候随机选取的。

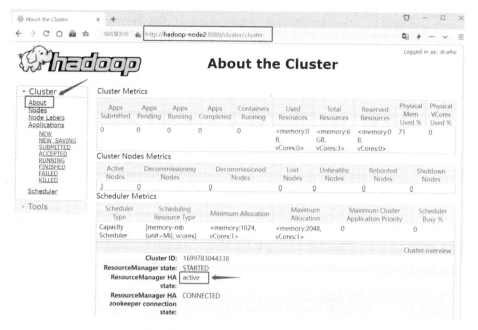

图 3-6 节点机器 hadoop-node2 的 YARN Web 界面

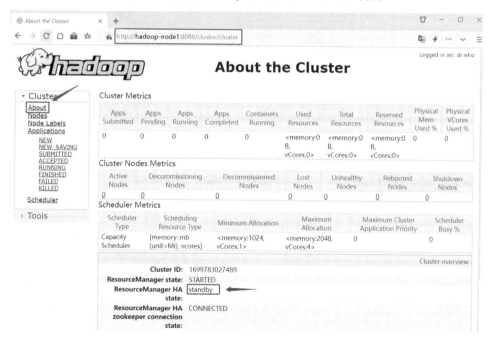

图 3-7 节点机器 hadoop-node1 的 YARN Web 界面

如果能正确显示图 3-6、图 3-7 的信息，则说明 YARN 配置和启动正确，验证成功。

3. 验证 Hadoop YARN 的 HA 故障转移

启动集群后，节点机器的 ResourceManager 是 Active 状态还是 Standby 状态，是由 YARN 集群自动决定的。本任务活动中，hadoop-node2 的 ResourceManager 目前是 active 状态，hadoop-node1 的 ResourceManager 目前是 standby 状态。本任务活动验证集群节点机器的

ResourceManager 故障后,集群故障能否自动转移,并自动将备用节点机器的 ResourceManager 变成 active 状态。

因此,人为制造一个故障,通过手动执行命令将 hadoop-node2 的 ResourceManager 进程停止,然后查验集群故障能否自动转移,并将 hadoop-node1 目前的 standby 状态变为 active 状态。

执行以下命令,将停止 hadoop-node2 的 ResourceManager 进程。

```
[root@hadoop-node2 ~]# yarn --daemon stop resourcemanager
```

执行以上命令,并再次访问 hadoop-node1、hadoop-node2 的 YARN Web 界面,如图 3-8、图 3-9 所示。

图 3-8　hadoop-node1 的 YARN Web 界面无法访问

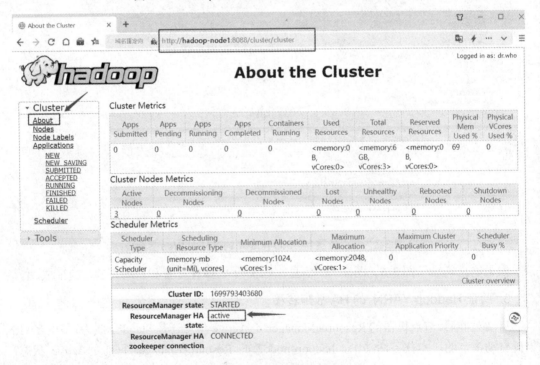

图 3-9　查看节点故障转移是否成功

执行以下命令，将手动启动 hadoop-ndoe2 的 ResourceManager 进程。

```
[root@hadoop-node2 ~]# yarn --daemon start resourcemanager
```

执行命令完成后，再次刷新浏览器，查看 hadoop-node1 Web 界面，会发现 hadoop-node2 的 ResourceManager 变成了 standby 状态，如图 3-10 所示。

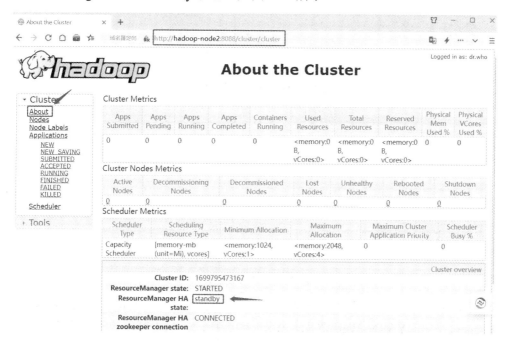

图 3-10　hadoop-node2 的 ResourceManager 变成 Standby 状态

通过以上步骤，验证了 Hadoop YARN HA 的安装与配置，其结果正确。

4. 验证测试 MapReduce 程序的运行

在 Hadoop 集群上运行 MapReduce 程序 wordcount(单词统计)，验证集群 YRAN HA 能否运行 MapReduce 程序。

(1) 创建并上传 wordcount.input 文件。

此处使用工作任务 2.3 节已经创建并上传的 HDFS 的 wordcount.input 文件。

(2) 执行 MapReduce 程序进行单词统计。

执行以下命令，运行 MapReduce 单词统计程序，验证 HDFS 能否正常保存运行结果文件。

```
[root@hadoop-node1 ~]# cd /usr/local/hadoop-3.3.6/
[root@hadoop-node1 hadoop-3.3.6]# hadoop jar
share/hadoop/mapreduce/hadoop-mapreduce-examples-3.3.6.jar wordcount
/user/root/input/ /user/root/output1/
```

运行结果如图 3-11 所示，如果出现"mapreduce.Job：map 100% reduce 100%"与"successfully"字样，则表示 wordcount 程序运行成功。单词统计结果如图 3-12 所示。

```
[root@hadoop-node1 hadoop-3.3.6]# hdfs dfs -cat /user/root/output/part*
```

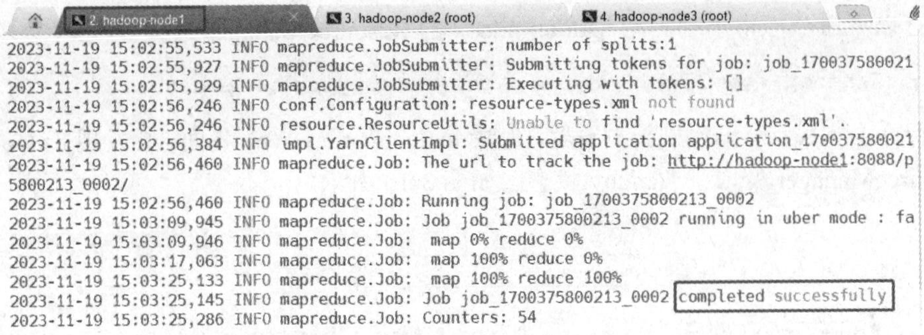

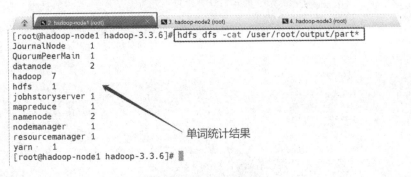

图 3-11 wordcount 程序运行成功

```
[root@hadoop-node1 hadoop-3.3.6]# hdfs dfs -cat /user/root/output/part*
JournalNode        1
QuorumPeerMain     1
datanode           2
hadoop             7
hdfs               1
jobhstoryserver    1
mapreduce          1
namenode           2
nodemanager        1
resourcemanager    1
yarn               1
[root@hadoop-node1 hadoop-3.3.6]#
```

单词统计结果

图 3-12 单词统计结果

在 YARN 上面可以监视 Job 任务的执行状态,在浏览器中输入 http://hadoop-node1:8088/cluster/apps,打开 YARN Web 界面,如图 3-13 所示,从中可以看出当前及之前执行的 MapReduce 程序的运行状态、运行历史等信息。

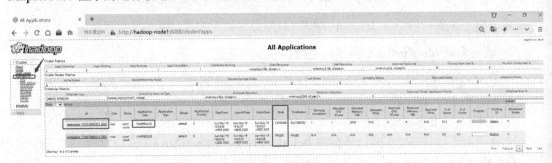

图 3-13 Job 任务执行状态

5. 停止集群服务进程

(1) 停止历史服务。在三台节点机器 hadoop-node1、hadoop-node2、hadoop-node3 上分别执行以下命令,停止历史服务。

```
mapred --daemon stop historyserver
yarn --daemon stop timelineserver
```

(2) 停止集群 YARN。在主节点机器 hadoop-node1 上执行以下命令,停止集群 YARN。

```
[root@hadoop-node1 ~]# stop-yarn.sh
```

(3) 停止集群 HDFS。在主节点机器 hadoop-node1 上执行以下命令,停止集群 HDFS。

```
[root@hadoop-node1 ~]# stop-dfs.sh
```

(4) 停止 ZooKeeper。在所有节点机器上执行以下命令,停止 ZooKeeper。

```
zkServer.sh stop
```

【任务评估】

本任务的评估如表 3-2 所示,请根据工作任务实践情况进行评估。

表 3-2 自我评估与项目小组评价

任务名称					
小组编号		场地号		实施人员	
自我评估与同学互评					
序 号	评 估 项	分 值	评估内容		自我评价
1	任务完成情况	30	按时、按要求完成任务		
2	学习效果	20	学习效果达到学习要求		
3	笔记记录	20	记录规范、完整		
4	课堂纪律	15	遵守课堂纪律,无事故		
5	团队合作	15	服从组长安排,团队协作意识强		
自我评估小计					
任务小结与反思:通过完成上述任务,你学到了哪些知识或技能?					
组长评价:					

工作任务 3.2　操作 HDFS 的常用命令与编程方式

【任务描述】

通过本工作任务的实施，实现常用的命令与编程方式操作 HDFS，任务活动主要包括 HDFS 命令的使用、编程方式实现 HDFS 文件的读取、编程方式实现 HDFS 文件的写入、编写 MapReduce 大数据计算程序。

操作 HDFS 的常用命令与编程方式(微课)

【任务分析】

要实现本工作任务，首先，需要完成项目 3 中工作任务 3.1 Hadoop 集群 YARN HA 的搭建；其次，需要掌握常用操作文件系统的操作文件读写、删除及命名，了解 Java API 的使用方式、Maven 插件的使用、Java API 操作 HDFS 的编程方式及常用 MapReduce 大数据计算程序的程序框架；再次，根据工作场景、工作任务内容搭建开发环境。通过本工作任务的实施，实现如何通过命令与编程方式访问 HDFS。

【任务准备】

(1) 准备三台集群服务器节点机器。准备好项目 3 中工作任务 3.1 已配置并验证完成的 Hadoop 集群 YARN HA 的 hadoop-node1、hadoop-node2、hadoop-node3 三台节点机器。

(2) 准备好本工作任务的软件安装包：apache-maven-3.9.3-bin.zip、Eclipse IDE for Enterprise Java Developers 2020-12.zip。

【任务实施】

任务活动 3.2.1　操作 HDFS 的常用命令

本任务活动将在工作任务 3.1 搭建好的集群上进行操作，在操作前，请确保集群的所有服务进程已启动，本任务活动的操作可以在集群中任意一台节点机器上操作，一般情况下，选择在 NameNode 的主节点机器上操作。常用命令的操作如下。

(1) 查看 HDFS 目录命令-ls。

语法格式：

```
hdfs dfs -ls [-C] [-d] [-h] [-q] [-R] [-t] [-S] [-r] [-u] [-e] [<path> ...]
```

其中，参数-R 表示滚动显示给定目录下的所有目录层级及内容。

以上格式中"[]"代表可选参数(以下命令操作相同，不再单独说明)。

例如，执行以下命令操作，可以查看 HDFS 根目录下的所有目录层级的内容。

```
[root@hadoop-node1 ~]# hdfs dfs -ls -R /
```

(2) 新建 HDFS 目录命令-mkdir。
语法格式:

```
hdfs dfs -mkdir [-p] <path> ...
```

其中,参数-p 表示一次创建多级新目录。

例如,执行以下命令,可以一次创建 HDFS 根目录下四级子目录。

```
[root@hadoop-node1 ~]# hdfs dfs -mkdir -p /user/root/input/wordcount
```

(3) 删除 HDFS 目录命令-rmdir。
语法格式:

```
hdfs dfs -rmdir [--ignore-fail-on-non-empty] <dir> ...
```

例如,执行以下命令,可以删除 HDFS 目录中 wordcount 子目录。

```
[root@hadoop-node1 ~]# hdfs dfs -rmdir /user/root/input/wordcount
```

(4) 上传文件到 HDFS 命令-put。
语法格式:

```
hdfs dfs -put [-f] [-p] [-l] [-d] [-t <thread count>] [-q <thread pool queue size>] <localsrc> ... <dst>
```

其中,参数-f 表示替换 HDFS 目录下的同名文件。

例如,执行以下命令,将上传/usr/local/hadoop-3.3.6/etc/Hadoop 目录下的 hdfs-site.xml 到 HDFS/user/root/input 目录中。

```
[root@hadoop-node1 hadoop]# hdfs dfs -put hdfs-site.xml /user/root/input
```

(5) 从 HDFS 下载文件的命令-get。
语法格式:

```
hdfs dfs -get [-f] [-p] [-crc] [-ignoreCrc] [-t <thread count>] [-q <thread pool queue size>] <src> ... <localdst>
```

例如,执行以下命令,可以将 HDFS 目录/user/root/input/hdfs-site.xml 下载到 Linux 本地的/usr/local/目录中。

```
[root@hadoop-node1 ~]# hdfs dfs -get /user/root/input/hdfs-site.xml /usr/local/
```

(6) 从 HDFS 删除文件的命令-rm。
语法格式:

```
hdfs dfs -rm [-f] [-r|-R] [-skipTrash] [-safely] <src> ...
```

其中,参数-f 表示强制删除;参数-r 表示一次删除同一目录下的多个文件;通配符"*"表示可以加在字符前面和后面进行通配,通常可以与参数-r 配合使用。

例如,执行以下命令,可以删除 HDFS 目录中以.xml 结尾的多个文件。

```
[root@hadoop-node1 ~]# hdfs dfs -rm -r -f /user/root/input/*.xml
```

(7) HDFS 的复制命令-cp。

语法格式:

```
hdfs dfs -cp [-f] [-p | -p[topax]] [-d] [-t <thread count>] [-q <thread pool queue size>] <src> ... <dst>
```

例如,执行以下命令,可以将 HDFS 目录/user/root/input/中的 site.xml 文件复制到目录 /user/root/output 中。

```
[root@hadoop-node1 ~]# hdfs dfs -cp /user/root/input/site.xml /user/root/output/
```

以上是操作 HDFS 的几个常用命令,如果想了解更多的 HDFS 命令,可以通过以下帮助命令查看。

```
[root@hadoop-node1 ~]# hdfs dfs -help
```

任务活动 3.2.2　Eclipse 集成 Maven 的开发环境搭建与配置

本任务活动将在 Windows 系统环境中进行 Eclipse 集成 Maven 的开发环境搭建与配置,为后续任务活动提供开发环境准备,具体配置步骤如下。

步骤 1: 访问 Maven 官方网站 https://archive.apache.org/dist/maven/maven-3/3.9.3/binaries/,下载 Maven 3.9.3 版本。

下载后,将其解压到 Windows 系统 D 盘根目录中(具体本地路径,可以根据自己需要选择,建议路径不带中文字符)。

步骤 2: 访问 Eclipse 官方网站 https:www.eclipse.org,下载 Eclipse IDE Java 集成开发工具,下载后解压安装到 D 盘根目录中(具体本地路径,可以根据自己的需要选择)。

步骤 3: 修改 Maven 配置文件。打开 D:\apache-maven-3.9.3-bin\apache-maven-3.9.3\conf 目录下的 settings.xml 文件,在文件中配置 Maven 仓库路径(具体配置的仓库径路,请根据个人计算机情况来决定目录位置),请将以下配置信息添加到<settings></settings>标签中。

```
<localRepository>D:\01_maven_repository</localRepository>
```

接下来,在 settings.xml 文件的<mirrors></mirrors>标签中添加以下代码配置阿里云服务。

```
<mirror>
    <id>alimaven</id>
    <name>aliyun maven</name>
    <url>http://maven.aliyun.com/nexus/content/groups/public/</url>
    <mirrorOf>central</mirrorOf>
</mirror>
<mirror>
    <id>repo2</id>
    <mirrorOf>central</mirrorOf>
    <name>Human Readable Name for this Mirror.</name>
    <url>http://repo2.maven.org/maven2/</url>
</mirror>

<mirror>
<id>ui</id>
    <mirrorOf>central</mirrorOf>
```

```xml
            <name>Human Readable Name for this Mirror.</name>
            <url>http://uk.maven.org/maven2/</url>
        </mirror>
```

继续在 settings.xml 配置文件中的<profiles></profiles>标签中添加以下内容，配置 JDK 版本。

```xml
<profile>
    <id>jdk-1.8</id>
    <activation>
        <activeByDefault>true</activeByDefault>
        <jdk>1.8</jdk>
    </activation>
    <properties>
        <maven.compiler.source>1.8</maven.compiler.source>
        <maven.compiler.target>1.8</maven.compiler.target>
        <maven.compiler.compilerVersion>1.8</maven.compiler.compilerVersion>
    </properties>
</profile>
```

最后，读者可自行在 Windows 系统中安装 Java 的 JDK 1.8 版本，并配置 JDK 系统环境变量。

步骤 4：集成 Maven 到 Eclipse。首先打开 Eclipse 工具，单击 Window 菜单项，在弹出的下拉菜单中选择 Preferences 命令后，弹出 Preferences 对话框，如图 3-14 所示，在对话框左侧配置选项区域中，依次展开 Maven→Installations 选项后，单击对话框右边区域中的 Add 按钮。

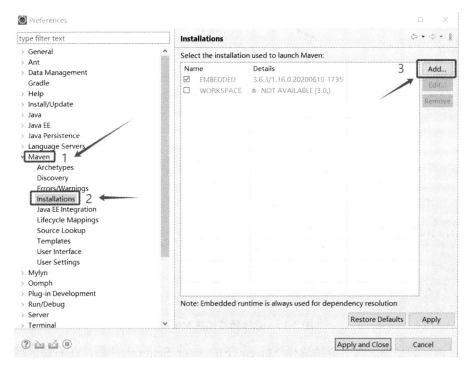

图 3-14　Preferences 对话框

接下来，在弹出的对话框中单击 Directory 按钮，找到 Maven 安装文件所在路径并加载后，单击 Finish 按钮，返回到上一步的对话框，如图 3-15 所示。

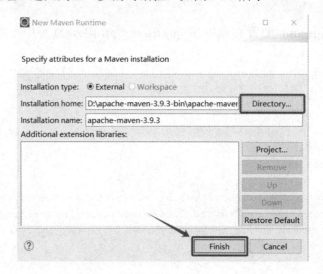

图 3-15 Maven 运行时配置文件设置

选中图 3-16 中的 apache-maven-3.9.3 复选框后，单击 Apply 按钮。

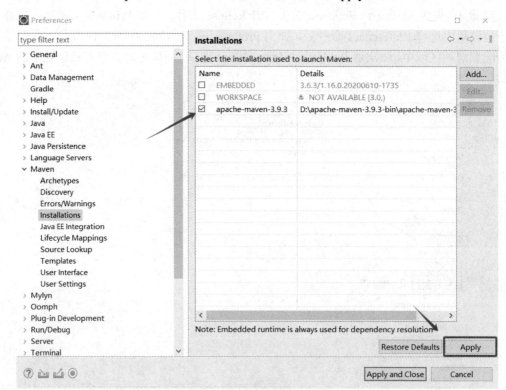

图 3-16 选择新添加的 Maven

在对话框的左侧区域中继续选择 Maven 下的 User Settings 选项，在右侧区域的 User Settings(open file)文本框中，浏览本地安装目录，选择已配置的 settings.xml 文件，然后单击

Apply and Close 按钮，如图 3-17 所示。

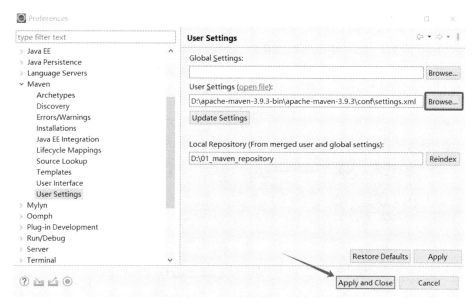

图 3-17　指定 maven 的配置文件

步骤 5：配置 Maven 工程编译环境。打开 Eclipse 工具，单击 Window 菜单项，在弹出的下拉菜单中选择 Preferences 命令后，弹出 Preferences 对话框，在对话框左侧配置选项区域中，依次展开 Terminal→Local Terminal 选项后，单击对话框右边区域中的 Add 按钮。在弹出的 Add External Executable 对话框的 Name 文本框中输入自定义名称 maven-mvn，在 Path 文本框中选择 maven 安装路径下的 bin 目录中的 mvn.cmd 文件，在 Arguments 文本框中填写 package，最后选中 Translate Backslashes on Paste 复选框，单击 Add 按钮完成配置，如图 3-18 所示。

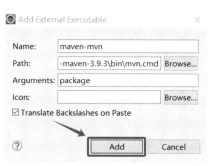

图 3-18　配置 Maven 项目编译环境

任务活动 3.2.3　Java API 编程方式实现 HDFS 文件读取

本任务活动将使用 Java API 编程方式实现 HDFS 文件的读取，具体操作步骤如下。

步骤 1：创建 Maven 项目 hdfs-read。在 Eclipse 工具的菜单栏中依次选择 File→New→Project 命令，弹出 New Project 对话框，选择 Maven 下的 Maven Project 选项，然后单击 Next 按钮，如图 3-19 所示。

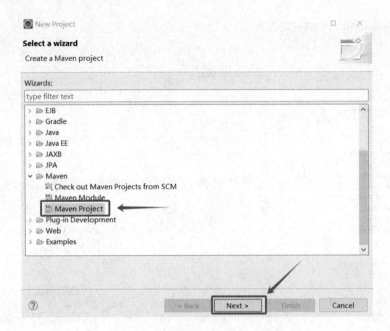

图 3-19 创建新的 Maven 工程 1

弹出 New Maven Project 对话框，选中 Create a simple project(skip archetype selection)复选框，然后单击 Next 按钮，如图 3-20 所示。

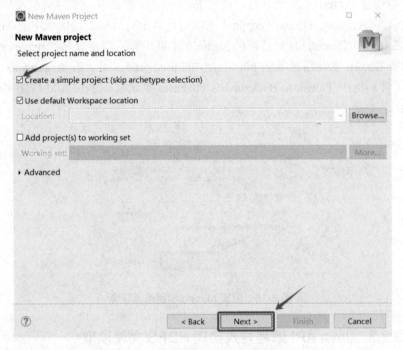

图 3-20 创建新的 Maven 工程 2

继续在弹出的对话框中设置 Group Id、Artifact Id 下拉列表框后，单击 Finish 按钮完成项目的创建，如图 3-21 所示。

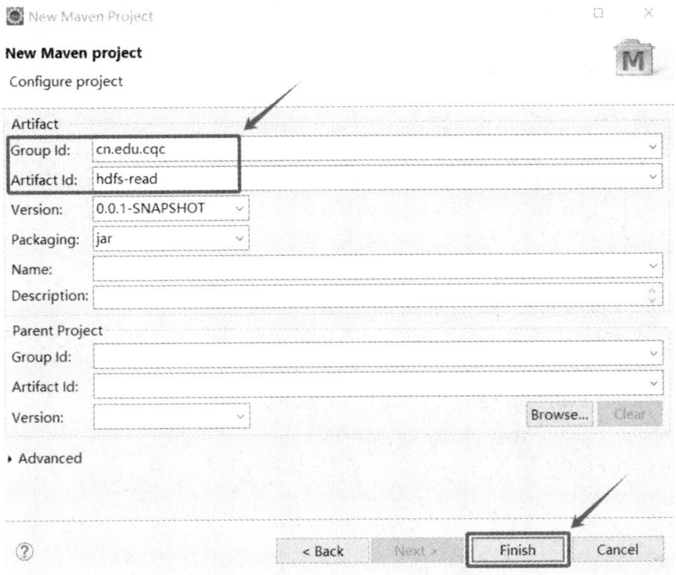

图 3-21 创建新工程 Configure project

步骤 2：下载 Hadoop 集群配置文件并添加到项目。打开 Hadoop 集群，下载/usr/local/hadoop-3.3.6/etc/hadoop 下的 core-site.xml、hdfs-site.xml、log4j.properties 配置文件，然后拖曳上传到 hdfs-read 项目的 src/main/resources 目录下，如图 3-22 所示。

图 3-22 上传 Hadoop 配置文件

步骤 3：配置 pom.xml 文件，然后进行编辑，完成项目配置。pom.xml 文件的配置代码如下：

```xml
<project xmlns="http://maven.apache.org/POM/4.0.0"
xmlns:xsi="http://www.w3.org/2001/XMLSchema-instance"
xsi:schemaLocation="http://maven.apache.org/POM/4.0.0
https://maven.apache.org/xsd/maven-4.0.0.xsd">
  <modelVersion>4.0.0</modelVersion>
  <groupId>cn.edu.cqc</groupId>
  <artifactId>hdfs-read</artifactId>
  <version>0.0.1-SNAPSHOT</version>
    <dependencies>
        <dependency>
```

```xml
            <groupId>org.apache.hadoop</groupId>
            <artifactId>hadoop-client</artifactId>
            <version>3.3.6</version>
        </dependency>
        <dependency>
            <groupId>org.slf4j</groupId>
            <artifactId>slf4j-simple</artifactId>
            <version>1.7.25</version>
            <scope>compile</scope>
        </dependency>
        <dependency>
            <groupId>com.alibaba</groupId>
            <artifactId>fastjson</artifactId>
            <version>1.2.41</version>
        </dependency>
    </dependencies>
    <build>
        <plugins>
            <plugin>
                <groupId>org.apache.maven.plugins</groupId>
                <artifactId>maven-compiler-plugin</artifactId>
                <version>2.5</version>
                <configuration>
                    <source>1.8</source>
                    <target>1.8</target>
                    <encoding>UTF-8</encoding>
                </configuration>
            </plugin>
            <plugin>
                <groupId>org.apache.maven.plugins</groupId>
                <artifactId>maven-shade-plugin</artifactId>
                <version>2.3</version>
                <configuration>
                    <transformers>
                        <transformer implementation="org.apache.maven.
                        plugins.shade.resource.ManifestResourceTransformer">
                            <mainClass>cn.edu.cqc.ReadApp</mainClass>
                        </transformer>
                    </transformers>
                </configuration>
                <executions>
                    <execution>
                        <phase>package</phase>
                        <goals>
                            <goal>shade</goal>
                        </goals>
                    </execution>
                </executions>
            </plugin>
            <plugin>
                <artifactId> maven-assembly-plugin </artifactId>
```

```xml
            <configuration>
                <descriptorRefs>
                    <descriptorRef>jar-with-dependencies</descriptorRef>
                </descriptorRefs>
                <archive>
                    <manifest>
                        <mainClass>cn.edu.cqc.ReadApp</mainClass>
                    </manifest>
                </archive>
            </configuration>
            <executions>
                <execution>
                    <id>make-assembly</id>
                    <phase>package</phase>
                    <goals>
                        <goal>single</goal>
                    </goals>
                </execution>
            </executions>
        </plugin>
    </plugins>
</build>
</project>
```

步骤 4：创建类 ReadApp.java，并完成代码编写。在项目源代码目录 src/main/java 上右击，在弹出的快捷菜单中依次选择 New→Class 命令，在弹出的 New Java Class 对话框中设置 Package 和 Name 文本框，并选中 public static void main(String[] args)复选框，然后单击 Finish 按钮，如图 3-23 所示。

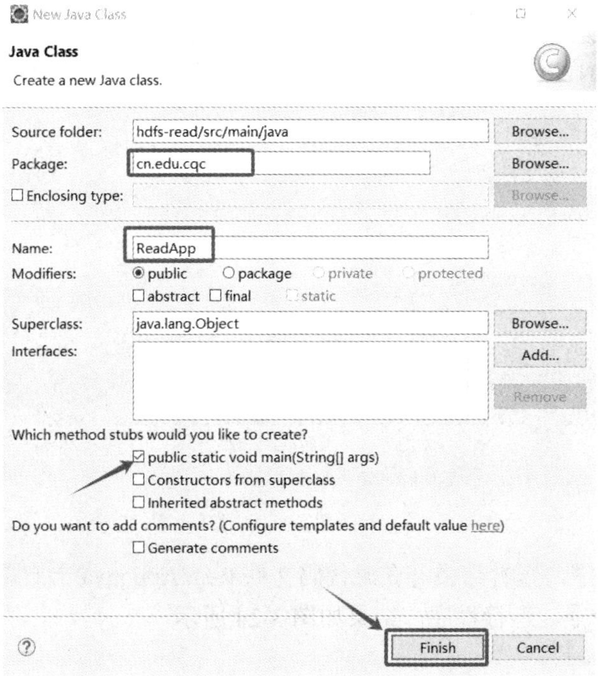

图 3-23　创建类 ReadApp.java

ReadApp.java 文件的配置代码如下：

```java
package cn.edu.cqc;
import org.apache.hadoop.conf.Configuration;
import org.apache.hadoop.fs.FSDataInputStream;
import org.apache.hadoop.fs.FileSystem;
import org.apache.hadoop.fs.Path;
import org.apache.hadoop.io.IOUtils;
public class ReadApp {
    public static FileSystem getFileSystem() throws Exception
    {
        //获取 Hadoop 集群的配置
        Configuration configuration =new Configuration();
        configuration.set("fs.defaultFS", "hdfs://mycluster");
        //此处 fs.defaultFS 属性的值与集群配置一致
        configuration.set("fs.hdfs.impl", "org.apache.hadoop.hdfs.DistributedFileSystem");
        System.setProperty("HADOOP_USER_NAME", "root");
        //获取 HDFS 文件系统
        FileSystem fileSystem = FileSystem.get(configuration);
        return fileSystem;
    }
    public static void main(String[] args) throws Exception {
        FileSystem fileSystem = getFileSystem();
        String fileName = "/user/root/input/wordcount.input";
            //wordcount.input 文件为 HDFS 中的文件
        Path readPath = new Path(fileName);
        //打开 HDFS 文件
        FSDataInputStream inStream = fileSystem.open(readPath);
        try
        {
            //读取文件
            IOUtils.copyBytes(inStream, System.out, 4096, false);

        }catch(Exception e){
            e.printStackTrace();
        }finally{
            //关闭文件流
            IOUtils.closeStream(inStream);
        }
    }
}
```

步骤 5：运行程序，查看结果。在源代码文件 ReadApp.java 上右击，依次选择 Run As→Java Application 命令，运行程序，结果如图 3-24 所示。

```
 Markers  Properties  Servers  Data Source Explorer  Snippets  Console ⊠
<terminated> ReadApp [Java Application] D:\01_eclipse\eclipse\plugins\org.eclipse.justj.openjdk.hotspot.jre.full.win32.x86_64_15.0.1.v20201027-0
hadoop yarn
hadoop mapreduce
hadoop namenode
hadoop datanode
hadoop JournalNode
hadoop QuorumPeerMain
namenode datanode resourcemanager nodemanager jobhstoryserver
```

图 3-24 读取 HDFS 文件运行结果

任务活动 3.2.4 Java API 编程方式实现 HDFS 文件写入

本任务活动将使用 Java API 编程方式实现 HDFS 文件的写入，具体操作步骤如下。

步骤 1：创建 Maven 项目 hdfs-write。创建项目的方法请参考任务活动 3.2.3，创建方法相同。

步骤 2：下载 Hadoop 集群配置文件并添加到项目。请参考任务活动 3.2.3，添加配置文件方法相同。

步骤 3：配置 pom.xml 文件，然后进行编辑，完成项目配置。pom.xml 文件的配置代码如下：

```xml
<project xmlns="http://maven.apache.org/POM/4.0.0"
xmlns:xsi="http://www.w3.org/2001/XMLSchema-instance"
xsi:schemaLocation="http://maven.apache.org/POM/4.0.0
https://maven.apache.org/xsd/maven-4.0.0.xsd">
 <modelVersion>4.0.0</modelVersion>
 <groupId>cn.edu.cqc</groupId>
 <artifactId>hdfs-write</artifactId>
 <version>0.0.1-SNAPSHOT</version>
   <dependencies>
      <dependency>
          <groupId>org.apache.hadoop</groupId>
          <artifactId>hadoop-client</artifactId>
          <version>3.3.6</version>
      </dependency>
      <dependency>
          <groupId>org.slf4j</groupId>
          <artifactId>slf4j-simple</artifactId>
          <version>1.7.25</version>
          <scope>compile</scope>
      </dependency>
      <dependency>
          <groupId>com.alibaba</groupId>
          <artifactId>fastjson</artifactId>
          <version>1.2.41</version>
      </dependency>
   </dependencies>
   <build>
```

```xml
<plugins>
    <plugin>
        <groupId>org.apache.maven.plugins</groupId>
        <artifactId>maven-compiler-plugin</artifactId>
        <version>2.5</version>
        <configuration>
            <source>1.8</source>
            <target>1.8</target>
            <encoding>UTF-8</encoding>
        </configuration>
    </plugin>
    <plugin>
        <groupId>org.apache.maven.plugins</groupId>
        <artifactId>maven-shade-plugin</artifactId>
        <version>2.3</version>
        <configuration>
            <transformers>
                <transformer
                    implementation="org.apache.maven.plugins.
                      shade.resource.ManifestResourceTransformer">
                    <mainClass>cn.edu.cqc.WriteApp</mainClass>
                </transformer>
            </transformers>
        </configuration>
        <executions>
            <execution>
                <phase>package</phase>
                <goals>
                    <goal>shade</goal>
                </goals>
            </execution>
        </executions>
    </plugin>
    <plugin>
        <artifactId> maven-assembly-plugin </artifactId>
        <configuration>
            <descriptorRefs>
                <descriptorRef>jar-with-dependencies</descriptorRef>
            </descriptorRefs>
            <archive>
                <manifest>
                    <mainClass>cn.edu.cqc.WriteApp</mainClass>
                </manifest>
            </archive>
        </configuration>
        <executions>
            <execution>
```

```xml
                        <id>make-assembly</id>
                        <phase>package</phase>
                        <goals>
                            <goal>single</goal>
                        </goals>
                    </execution>
                </executions>
            </plugin>
        </plugins>
    </build>
</project>
```

步骤 4：创建类 WriteApp.java，并完成代码编写。请参考任务活动 3.2.3，创建类的操作方法相同。WriteApp.java 文件代码如下：

```java
package cn.edu.cqc;
import java.io.File;
import java.io.FileInputStream;
import org.apache.hadoop.conf.Configuration;
import org.apache.hadoop.fs.FSDataOutputStream;
import org.apache.hadoop.fs.FileSystem;
import org.apache.hadoop.fs.Path;
import org.apache.hadoop.io.IOUtils;
public class WriteApp {
    public static FileSystem getFileSystem() throws Exception
    {
        //获取 Hadoop 集群的配置
        Configuration configuration =new Configuration();
        configuration.set("fs.defaultFS", "hdfs://mycluster");
        //此处 fs.defaultFS 属性的值与集群配置一致
        configuration.set("fs.hdfs.impl",
            "org.apache.hadoop.hdfs.DistributedFileSystem");
        System.setProperty("HADOOP_USER_NAME", "root");
        //获取 HDFS 文件系统
        FileSystem fileSystem = FileSystem.get(configuration);
        return fileSystem;
    }
    public static void main(String[] args) throws Exception {
        FileSystem fileSystem = getFileSystem();
        String putFileName ="/user/root/put-data1.txt";
        //写入 HDFS 的文件名及路径
        Path writePath =new Path(putFileName);
        FSDataOutputStream  outStream = fileSystem.create(writePath);

        FileInputStream inStream = new FileInputStream( new
            File("D:\\testdata.txt"));//本地的文件名及路径
        try
        {
```

```
            IOUtils.copyBytes(inStream, outStream, 4096, false);

    }catch(Exception e){
        e.printStackTrace();
    }finally{
            IOUtils.closeStream(inStream);
            IOUtils.closeStream(outStream);
        }
    }
}
```

步骤 5：运行程序，查看结果。在源代码文件 WriteApp.java 上右击，依次执行 Run As →Java Application 命令，运行程序，运行成功后，打开 HDFS Web 界面查看运行结果，如图 3-25 所示。

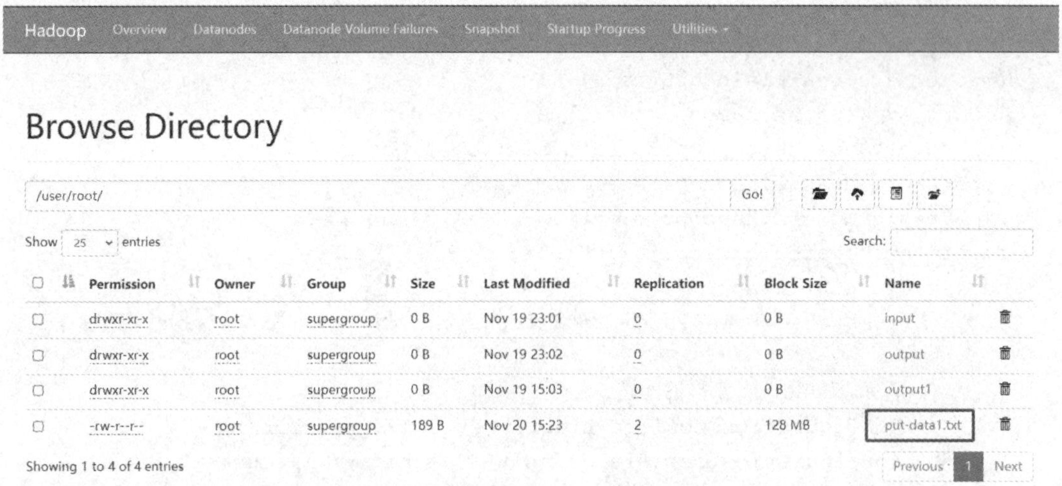

图 3-25　查看 HDFS 文件运行结果

任务活动 3.2.5　Java API 编写 MapReduce 大数据计算程序

本任务活动将使用 Java API 编程方式实现 MapReduce 程序的编写，此处编写一个词频统计的程序，具体操作步骤如下。

步骤 1：创建 Maven 项目 wordcount。创建项目的方法请参考任务活动 3.2.3。

步骤 2：下载 Hadoop 集群配置文件并添加到项目。请参考任务活动 3.2.3，添加配置文件方法相同。

步骤 3：配置 pom.xml 文件并进行编辑，完成项目配置。pom.xml 文件的配置代码如下所示。

```
<project xmlns="http://maven.apache.org/POM/4.0.0"
    xmlns:xsi="http://www.w3.org/2001/XMLSchema-instance"
    xsi:schemaLocation="http://maven.apache.org/POM/4.0.0
https://maven.apache.org/xsd/maven-4.0.0.xsd">
    <modelVersion>4.0.0</modelVersion>
```

```xml
<groupId>cn.edu.cqc</groupId>
<artifactId>wordcount</artifactId>
<version>0.0.1-SNAPSHOT</version>
<dependencies>
    <dependency>
        <groupId>org.apache.hadoop</groupId>
        <artifactId>hadoop-client</artifactId>
        <version>3.3.6</version>
    </dependency>
    <dependency>
        <groupId>org.slf4j</groupId>
        <artifactId>slf4j-simple</artifactId>
        <version>1.7.25</version>
        <scope>compile</scope>
    </dependency>
    <dependency>
        <groupId>com.alibaba</groupId>
        <artifactId>fastjson</artifactId>
        <version>1.2.41</version>
    </dependency>
</dependencies>
<build>
    <plugins>
        <plugin>
            <groupId>org.apache.maven.plugins</groupId>
            <artifactId>maven-compiler-plugin</artifactId>
            <version>2.5</version>
            <configuration>
                <source>1.8</source>
                <target>1.8</target>
                <encoding>UTF-8</encoding>
            </configuration>
        </plugin>
        <plugin>
            <groupId>org.apache.maven.plugins</groupId>
            <artifactId>maven-shade-plugin</artifactId>
            <version>2.3</version>
            <configuration>
                <transformers>
                    <transformer
                        implementation="org.apache.maven.plugins.
                        shade.resource.ManifestResourceTransformer">
                        <mainClass>cn.edu.cqc.WordCountMapReduce
                        </mainClass>
                    </transformer>
                </transformers>
            </configuration>
```

```xml
            <executions>
                <execution>
                    <phase>package</phase>
                    <goals>
                        <goal>shade</goal>
                    </goals>
                </execution>
            </executions>
        </plugin>
        <plugin>
            <artifactId> maven-assembly-plugin </artifactId>
            <configuration>
                <descriptorRefs>
                    <descriptorRef>jar-with-dependencies</descriptorRef>
                </descriptorRefs>
                <archive>
                    <manifest>
                        <mainClass>cn.edu.cqc.WordCountMapReduce
                        </mainClass>
                    </manifest>
                </archive>
            </configuration>
            <executions>
                <execution>
                    <id>make-assembly</id>
                    <phase>package</phase>
                    <goals>
                        <goal>single</goal>
                    </goals>
                </execution>
            </executions>
        </plugin>
    </plugins>
  </build>
</project>
```

步骤 4：创建类 WordCountMapReduce.java，并完成代码编写。请参考任务活动 3.2.3，创建类的操作方法相同。WordCountMapReduce.java 文件代码如下所示。

```
package cn.edu.cqc;
import java.io.IOException;
import java.util.StringTokenizer;
import org.apache.hadoop.conf.Configuration;
import org.apache.hadoop.conf.Configured;
import org.apache.hadoop.fs.Path;
import org.apache.hadoop.io.IntWritable;
import org.apache.hadoop.io.LongWritable;
import org.apache.hadoop.io.Text;
```

```java
import org.apache.hadoop.mapreduce.Job;
import org.apache.hadoop.mapreduce.Mapper;
import org.apache.hadoop.mapreduce.Reducer;
import org.apache.hadoop.mapreduce.lib.input.FileInputFormat;
import org.apache.hadoop.mapreduce.lib.output.FileOutputFormat;
import org.apache.hadoop.util.Tool;
import org.apache.hadoop.util.ToolRunner;

public class WordCountMapReduce extends Configured implements Tool{
    // step 1: Map Class
    /**
     *
     * public class Mapper<KEYIN, VALUEIN, KEYOUT, VALUEOUT>
     */
    public static class WordCountMapper extends
            Mapper<LongWritable, Text, Text, IntWritable> {
        private Text mapOutputKey = new Text();
        private final static IntWritable mapOuputValue = new IntWritable(1);

        @Override
        public void map(LongWritable key, Text value, Context context)
                throws IOException, InterruptedException {
            // line value
            String lineValue = value.toString();

            // split
            StringTokenizer stringTokenizer = new StringTokenizer(lineValue);
            // iterator
            while(stringTokenizer.hasMoreTokens()){
                // get word value
                String wordValue = stringTokenizer.nextToken();
                // set value
                mapOutputKey.set(wordValue);
                // output
                context.write(mapOutputKey, mapOuputValue);
            }
        }
    }
    // step 2: Reduce Class
    /**
     *
     * public class Reducer<KEYIN,VALUEIN,KEYOUT,VALUEOUT>
     */
    public static class WordCountReducer extends
            Reducer<Text, IntWritable, Text, IntWritable> {

        private  IntWritable outputValue = new  IntWritable();
```

```java
        @Override
        public void reduce(Text key, Iterable<IntWritable> values,
                Context context) throws IOException, InterruptedException {
            // sum tmp
            int sum= 0 ;
            // iterator
            for(IntWritable value: values){
                // total
                sum += value.get();
            }
            // set value
            outputValue.set(sum);

            // output
            context.write(key, outputValue);
        }


}
// step 3: Driver ,component job
public int run(String[] args) throws Exception {
    // 1: get confifuration
    Configuration configuration = getConf();
    // 2: create Job
    Job job = Job.getInstance(configuration,
    // this.getClass().getSimpleName());
    // run jar
    job.setJarByClass(this.getClass());
    // 3: set job
    // input -> map  -> reduce -> output
    // 3.1: input
    Path inPath = new Path(args[0]);
    FileInputFormat.addInputPath(job, inPath);
    // 3.2: map
    job.setMapperClass(WordCountMapper.class);
    job.setMapOutputKeyClass(Text.class);
    job.setMapOutputValueClass(IntWritable.class);
    // 3.3: reduce
    job.setReducerClass(WordCountReducer.class);
    job.setOutputKeyClass(Text.class);
    job.setOutputValueClass(IntWritable.class);
    // 3.4: output
    Path outPath = new Path(args[1]);
    FileOutputFormat.setOutputPath(job, outPath);
    // 4: submit job
    boolean isSuccess = job.waitForCompletion(true);
    return isSuccess ? 0 : 1 ;

}
```

```
        // step 4: run program
        public static void main(String[] args) throws Exception {
            // 1: get confifuration
            Configuration configuration = new Configuration();
            configuration.set("fs.defaultFS", "hdfs://mycluster");
            configuration.set("fs.hdfs.impl",
                "org.apache.hadoop.hdfs.DistributedFileSystem");
            System.setProperty("HADOOP_USER_NAME", "root");
            int status = ToolRunner.run(configuration,
                    new WordCountMapReduce(),
                    args);
            System.exit(status);
        }
    }
```

步骤 5：编译 wordcount 程序，生成 jar 包。在 Eclipse 工具的 Project Explorer 窗口中选择 wordcount 项目名称并右击，在弹出的快捷菜单中执行 Show in Local Terminal→maven-mvn 命令，如图 3-26 所示。

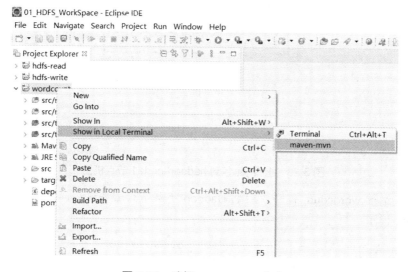

图 3-26 选择 maven-mvn 命令

执行以上操作后，将打开 Terminal 窗口，程序开始执行编译，在编译过程中，电脑必须连通 Internet。在 Terminal 窗口中如果出现如图 3-27 所示的画面，则表明 wordcount 程序生成 jar 包文件编译成功。

步骤 6：上传 jar 包到 Hadoop 集群。启动 Hadoop 集群的所有服务进程，然后执行以下命令，创建 jar 目录。

```
[root@hadoop-node1 ~]# mkdir /usr/software/jar
```

接下来，刷新项目源代码目录中的 target 文件夹，将 wordcount-0.0.1-SNAPSHOT-jar-with-dependencies.jar、original-wordcount-0.0.1-SNAPSHOT.jar 两个 jar 包通过 MobaXterm 工具拖曳上传到 hadoop-node1 节点机器的目录/usr/software/jar 中，如图 3-28 所示。

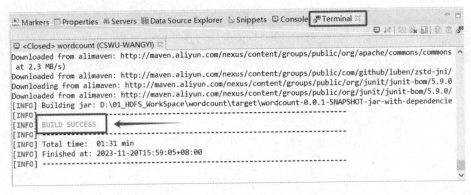

图 3-27 wordcount 程序编译成功

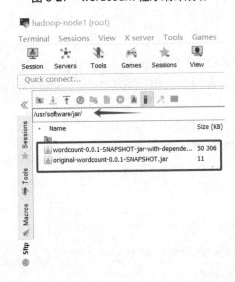

图 3-28 上传 jar 包到 hadoop-node1 节点机器

步骤 7:运行 wordcount 程序。启动 Hadoop 集群所有服务进程,然后执行以下命令测试 wordcount 程序。

```
[root@hadoop-node1 ~]# hadoop jar /usr/software/jar/wordcount-0.0.1-SNAPSHOT-jar-with-dependencies.jar /user/root/input/wordcount.input /user/root/output/
```

通过 Hadoop YARN Web 监视界面查看运行结果,如果出现如图 3-29 所示的运行状态,则表明 MapReduce 程序运行成功。

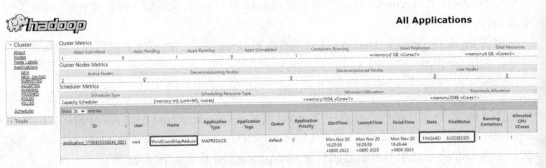

图 3-29 在 YARN Web 监视界面中查看程序运行状态

接下来，再打开 HDFS Web 界面查看运行结果，如图 3-30 所示。

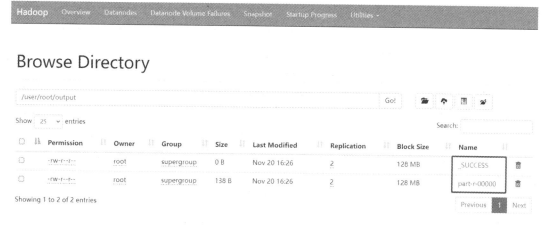

图 3-30　在 HDFS Web 界面中查看程序运行结果文件

继续在客户端执行命令，查看词频统计结果文件，如果出现如图 3-31 所示的内容，则表明自己编写的 wordcount 程序测试运行成功。

图 3-31　通过命令读取程序运行结果文件内容

【任务验证】

任务活动在实施后，已验证，此处不再赘述。

【任务评估】

本任务的评估如表 3-3 所示，请根据工作任务实践情况进行评估。

表 3-3　自我评估与项目小组评价

任务名称					
小组编号		场地号		实施人员	
自我评估与同学互评					
序　号	评估项	分　值	评估内容		自我评价
1	任务完成情况	30	按时、按要求完成任务		
2	学习效果	20	学习效果达到学习要求		
3	笔记记录	20	记录规范、完整		
4	课堂纪律	15	遵守课堂纪律，无事故		
5	团队合作	15	服从组长安排，团队协作意识强		
自我评估小计					
任务小结与反思：通过完成上述任务，你学到了哪些知识或技能？					
组长评价：					

工作任务 3.3　Hadoop 集群异常处理与维护

【任务描述】

通过本工作任务的实施，完成 Hadoop 集群搭建时异常的常用处理方法的总结及 Hadoop 集群日常维护管理的工作内容，主要包括配置文件错误，HDFS 多次格式化导致 HDFS 服务进程启动失败，NameNode 格式化失败的常用处理方法，Hadoop 集群升级管理，Hadoop 集群日常维护管理的工作内容总结。

Hadoop 集群异常处理与维护(微课)

【任务分析】

要实现本工作任务，首先，要了解 Hadoop 平台及生态圈架构；其次，需要理解 Hadoop 核心组件的工作原理；再次，在每个项目搭建过程中，要注重平台搭建过程中的方法积累，以及认真分析与总结 Hadoop 集群搭建与配置过程中常见的错误及解决办法；最后，根据工作场景，了解 Hadoop 大数据平台日常维护管理的工作内容。通过本工作任务的实施，达到具备 Hadoop 集群搭建异常处理的基本能力及日常维护管理的基本能力。

【任务准备】

准备好项目 3 中工作任务 3.1 已配置并验证完成的 Hadoop 集群 YARN HA 的 hadoop-node1、hadoop-node2、hadoop-node3 三台集群服务器节点机器。

【任务实施】

任务活动 3.3.1　Hadoop 集群搭建异常处理

本任务活动将对 Hadoop 集群搭建过程中常见的问题及异常处理方法进行总结。

1) 配置文件错误

配置文件错误可能会导致很多问题，如 NameNode 无法启动，DataNode 无法启动，MapReduce 无法运行等。在运行命令的时候，有时候会在命令行直接报错，根据错误提示查找定位到配置文件的错误地方，并进行修复。

配置文件错误最直接的影响是导致组件的服务进程无法启动，万能的方法是哪一个服务进程不能启动，就进入 Hadoop 的安装目录，查看日志文件，从文件最后往前看，第一个错误就是当前的报错信息，根据报错信息分析解决办法。日志文件所在路径如图 3-32 所示。

2) HDFS 多次格式化导致 HDFS 服务进程启动失败

多次格式化导致最直接的异常就是 DataNode 与 NameNode 元数据不一致。在处理集群问题时，HDFS 进行了多次格式化，最直接的解决办法就是停止所有进程后，删除三台节点机器的所有元数据和数据文件，然后重新格式化，删除的目录文件清单如下所述。

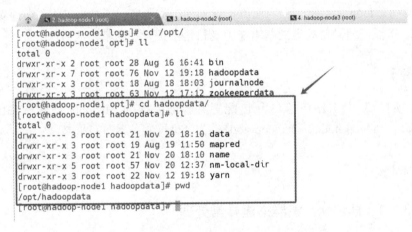

图 3-32　Hadoop 安装目录下的日志文件

(1) 删除三台节点机器/opt/hadoopdata 目录中的所有目录及文件，如图 3-33 所示。

图 3-33　删除/opt/hadoopdata 目录中的文件

(2) 删除三台节点机器/opt/journalnode/data 目录中的所有目录及文件，如图 3-34 所示。

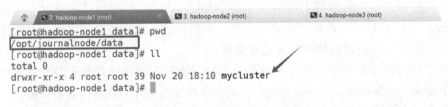

图 3-34　删除/opt/journalnode/data 目录中的文件

(3) 删除三台节点机器/opt/zookeeperdata 目录中除 myid 文件外的所有目录及文件，如图 3-35 所示。

3）NameNode 格式化失败

当 NameNode 格式化失败时，在所有节点机器上访问/opt/journalnode/data/mycluster 目

录，执行 rm 命令删除目录下的所有文件后，重新格式化，就可以解决格式化失败的问题。

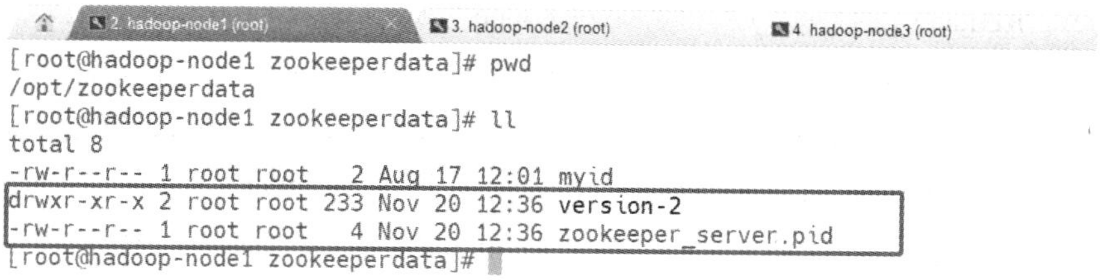
2. hadoop-node1 (root)
3. hadoop-node2 (root)
4. hadoop-node3 (root)
[root@hadoop-node1 zookeeperdata]# pwd
/opt/zookeeperdata
[root@hadoop-node1 zookeeperdata]# ll
total 8
-rw-r--r-- 1 root root   2 Aug 17 12:01 myid
drwxr-xr-x 2 root root 233 Nov 20 12:36 version-2
-rw-r--r-- 1 root root   4 Nov 20 12:36 zookeeper_server.pid
[root@hadoop-node1 zookeeperdata]#

图 3-35　删除/opt/zookeeperdata 目录下的相关文件

任务活动 3.3.2　Hadoop 集群日常维护与管理

本任务活动将对 Hadoop 集群的日常维护与管理操作进行总结。

1) Hadoop 集群升级管理

(1) Hadoop 版本升级。随着大数据的快速发展，Hadoop 不断演进，新版本不断发布。每个版本都会带来新的功能和改进，同时也会修复已知的漏洞。版本升级可以带来新的功能和新的 API，新版本通常会对性能进行优化，提高系统的稳定性和安全性。然而，Hadoop 版本升级也面临一些风险和挑战，比如兼容性问题。因此，在进行版本升级之前，需要进行详细的分析，并制订升级方案，将升级过程中的风险降到最低，并在升级失败时能回退到原有版本。

(2) Hadoop 扩容升级。Hadoop 的扩容升级是在算力及存储等资源性能达到瓶颈的时候，通过添加新的节点服务器的方式实现 Hadoop 分布式集群可扩展性，从而达到升级的目的。

扩容升级，通常以之前部署好的集群作为母版，在之前配置好的集群配置文件中更改配置，添加新的 datanode 和 nodeManager 节点，并单独配置 SSH 免密等基础环境实现分布式集群扩容升级。

2) Hadoop 集群日常维护管理

(1) 大数据平台故障报告与处理。发现故障一般分为用户报告、监控告警和人工巡检三种方式。当故障发生之后，大数据平台运维人员会通过故障记录单记录下故障的详细内容，再对故障进行初步判断与归类，并判断故障的影响范围，然后安排合适的运维处理资源，按照运维处理流程跟踪解决故障，并及时反馈问题处理结果，最后形成闭环，关闭故障。

建立更新知识库的运维机制，建立知识管理系统，实现对大量有价值的案例、规范、手册、经验等知识内容的分类存储和管理。

(2) 大数据平台性能管理。大数据的产业环节涉及大数据采集、大数据存储、大数据预处理、大数据分析与挖掘、大数据可视化、大数据流通六大环节。因此，大数据平台的性能分析、监控和优化就显得非常重要。

① 性能监控。Hadoop 启动时会运行 RPC 和 HTTP 两个服务进程。其中最常用的是 Hadoop Web 监视界面。9870 是 HDFS 的监控端口，8088 是 YARN 的监控端口。可以通过命令进行监控，查看节点机器状态；也可以通过操作系统自带的工具监控节点机器的物理运行性能。

② 性能分析。影响 Hadoop 集群 Job 任务执行的性能因素主要有 Hadoop 配置、文件大小、Mapper、Reducer 的数量、硬件及 MapReduce 代码质量。

③ 性能指标。Hadoop 的性能指标是系统功能特质的量化描述，在日常运维过程中所要考虑的大数据性能指标主要是 Hadoop 作业的性能，比如，Elapsed time(作业的执行时间)、Total Allocated Containers(分配给作业的执行容器数目)、Number of maps、Launched map tasks(作业发起的 Map 任务数目)等，因此，在日常运维过程中要关注作业性能指标。

(3) 大数据平台日志管理。大数据平台涉及的硬件、服务器系统，以及与 Hadoop 相关的组件的运行状态都需要通过日志和告警信息来获得，运维人员根据日志和告警内容来统一进行处理，从而确保平台的稳定运行。

(4) 大数据平台日常巡检。在大数据平台运维工作中，需要运维人员高度关注平台的运行状态，通常会通过自动化的监控获知系统软硬件状态信息，但是监控不能完全覆盖所有关注的平台运行情况，因此，需要引入定期巡检机制，人工对大数据平台进行状态跟踪检查，其主要包括环境和设备检查、应用系统检查两大类。

日常巡检工作可以分为定期巡视、点检特定项目及厂商技术人员巡检三大类别。巡检流程包括制订巡检计划、实施巡检工作及巡检日志记录处理。

(5) 大数据平台运维管理制度规范。大数据平台日常运维管理必须制定运维管理制度规范文件，保障大数据平台的有效运行。运维管理制度规范文件主要包括运维管理标准、运维管理制度及运维管理规范。

【任务验证】

本任务活动无须做任务验证。

【任务评估】

本任务的评估如表 3-4 所示，请根据工作任务实践情况进行评估。

表 3-4　自我评估与项目小组评价

任务名称					
小组编号		场地号		实施人员	
自我评估与同学互评					
序　号	评 估 项	分　值	评估内容		自我评价
1	任务完成情况	30	按时、按要求完成任务		
2	学习效果	20	学习效果达到学习要求		
3	笔记记录	20	记录规范、完整		
4	课堂纪律	15	遵守课堂纪律，无事故		
5	团队合作	15	服从组长安排，团队协作意识强		
自我评估小计					

任务小结与反思：通过完成上述任务，你学到了哪些知识或技能？

组长评价：

项目工作总结

【工作任务小结】

通过本项目工作任务的实施，读者要理解通过虚拟化技术搭建一个基于 Linux 集群的 Hadoop 大数据平台构建大数据中心这个工作场景。根据场景的工作内容，读者需掌握 Hadoop 集群 YARN HA 安装与配置、操作 HDFS 的常用命令与编程方式、Hadoop 集群异常处理与维护三个工作任务的详细操作步骤。

下面请读者根据本项目工作任务的实施内容，在工作任务的任务分析、任务准备、任务实施、任务验证及任务评估这一工作流程实施过程中，从遇到的问题、解决办法，以及收获和体会等方面进行认真总结，并形成总结报告。

【举一反三能力】

（1）通过查阅资料并动手实践，在面向 Mac 操作系统的虚拟机软件 VMware Fusion 中实施本项目 3 的工作任务。

（2）查阅 1+X 等"大数据平台运维"职业技能等级标准，梳理本项目工作任务的哪些技术技能与职业技能等级标准对应，比如，1+X 的职业技能等级标准初级中的"大数据平台运行状态监控""大数据平台资源状态监控""大数据平台告警信息监控""大数据平台服务状态监控"等；中级技能等级标准中的"HDFS 配置优化""MapReduce 配置优化""集群节点故障诊断与处理""集群组件服务故障诊断处理"等。

（3）通过查阅资料并结合本项目工作任务的实践经验，思考针对不同的大数据平台搭建工作场景时该如何进行集群安装与配置方案的设计。

（4）通过本项目的实施，学会以下几个开源官网资源的使用。Hadoop 官网：hadoop.apache.org；Apache 所有的产品下载地址：https://archive.apache.org/dist/；Hadoop 官方文档：https://hadoop.apache.org/docs/stable/hadoop-project-dist/hadoop-common/SingleCluster.html。

【对接产业技能】

通过本项目工作任务的实施，对接产业技能如下。

（1）大数据平台系统架构典型行业应用场景。
（2）根据大数据行业项目需求初步设计大数据平台安装与配置方案。
（3）Hadoop YARN HA 集群安装与配置。
（4）通过 Java API 编程实现访问 Hadoop 集群应用程序开发。
（5）Hadoop 集群日常维护与管理。

技能拓展训练

【基本技能训练】

通过本项目工作任务的实施，请回答以下问题。

(1) Hadoop 集群 YARN HA 的安装与配置工作任务的任务准备、任务实施、任务验证的任务活动及步骤有哪些？

(2) 访问 HDFS 常用的命令有哪些？

(3) Eclipse 集成 Maven 的开发环境搭建与配置具体步骤有哪些？

(4) Hadoop 大数据平台日常维护与管理包含哪些工作内容？

【综合技能训练】

(1) 通过本项目工作任务的实施，以及查找相关技术资料，在三个服务器节点机器 Linux01、Linux02、Linux03 上安装与配置 Hadoop 集群 HDFS YARN，并总结工作任务的安装与配置，以及在安装过程中遇到的问题及解决方案。

(2) 通过 Java API 编程实现访问 Hadoop 集群的 HDFS，实现文件上传、文件读取及文件删除的应用程序开发。

项目综合评价

【评价方法】

本项目的评价采用自评、学习小组评价、教师评价相结合的方式，分别从项目实施情况、核心任务完成情况、拓展训练情况进行打分。

【评价指标】

本项目的评价指标体系如表 3-5 所示，请根据学习实践情况进行打分。

表 3-5　项目评价表

项目评价表		项目名称		项目承接人		小组编号	
		Hadoop YARN 高可用集群搭建与维护					
项目开始时间		项目结束时间		小组成员			
评价指标			分值	评价细则	自评	小组评价	教师评价
项目实施情况(20分)	纪律(5分)	项目实施准备	1	准备教材、书写本、笔、设备等			
		积极思考回答问题	2	视情况得分			
		跟随教师进度	2	视情况得分			
		违反课堂纪律	0	此为否定项，如有出现，根据情况直接在总得分基础上扣0~5分			
	考勤(5分)	迟到、早退	5	迟到、早退，每项扣2.5分			
		缺勤	0	此为否定项，如有出现，根据情况直接在总得分基础上扣0~5分			
	职业道德(5分)	遵守规范	3	根据实际情况评分			
		认真钻研	2	依据实施情况及思考情况评分			
	职业能力(5分)	总结能力	3	按总结的全面性、条理性进行评分			
		举一反三能力	2	根据实际情况评分			

续表

评价指标			分值	评价细则	自评	小组评价	教师评价
核心任务完成情况(60分)	Hadoop YARN 高可用集群搭建与维护(40分)	Hadoop集群YARN HA 安装与配置	8	能掌握集群 YARN HA 的安装与配置			
			4	能理解 YARN 的结构及工作原理			
			3	能掌握 YARN 的 Web UI 访问与操作			
		常用命令与编程方式操作 HDFS	4	能掌握使用命令方式操作 HDFS			
			5	能掌握 Eclipse 集成 Maven 环境配置			
			5	能掌握通过 Java API 实现 HDFS 文件读写			
			5	能掌握通过 Java API 编写简单的 MapReduce			
		Hadoop 集群异常处理与维护	2	掌握集群搭建异常的常用处理方法			
			2	具备集群日常维护的基本能力			
			2	具备集群日常管理的基本能力			
	综合素养(20分)	语言表达	5	互动、讨论、总结过程中的表达能力			
		问题分析	5	问题分析情况			
		团队协作	5	实施过程中的团队协作情况			
		工匠精神	5	敬业、精益、专注、创新等			

续表

评价指标			分值	评价细则	自评	小组评价	教师评价
拓展训练情况(20分)	基本技能与综合技能(20分)	基本技能训练	10	基本技能训练情况			
		综合技能训练	10	综合技能训练情况			
总分							
综合得分(自评20%,小组评价30%,教师评价50%)							
组长签字:				教师签字:			

项目 4　HBase 高可用集群搭建与操作

工作场景描述

HBase 是一种基于 Hadoop 的分布式、可扩展、面向列的 NoSQL 数据库。它以 Google 的 Bigtable 为原型，并在其基础上做了优化。HBase 可以在大规模集群上存储和处理海量数据，并提供了高效的读写操作和实时查询能力，广泛应用于互联网、电商和社交媒体等领域。

HBase 主要有以下几个特征。

(1) 高可扩展性。HBase 可以在成百上千台服务器上运行，支持 PB 级别的数据存储，同时将数据分散到不同的节点上，实现数据的并行处理和负载均衡。

(2) 高可靠性。HBase 通过数据冗余存储和自动故障恢复机制，保证数据的高可靠性。它将数据复制到多个节点上，当某个节点发生故障时，可以自动切换到其他节点，确保数据的可用性。

(3) 高性能。HBase 采用了内存和磁盘相结合的存储方式，可以快速读写海量数据。它支持随机读写操作和水平扩展，能够处理高并发的数据访问请求。

(4) 灵活的数据模型。HBase 的数据模型是面向列的，能存储结构化、半结构化和非结构化数据，适用于各种类型的应用场景。

(5) 实时查询能力。HBase 支持基于 RowKey 的随机查询，可以快速检索指定行的数据；也支持范围查询、过滤器等高级查询功能，可以满足复杂的查询需求。

本工作场景根据某单位的大数据项目要求，需要构建基于 Hadoop 大数据平台的 HBase 大数据列式数据存储中心，以本工作手册项目 3 的 Hadoop 集群 HDFS HA 和项目 3 的 Hadoop YARN 高可用集群搭建配置结果作为本项目的起点，按照 HBase 的搭建、shell 访问和 API 编程三个步骤来完成相关工作任务。

工作任务导航

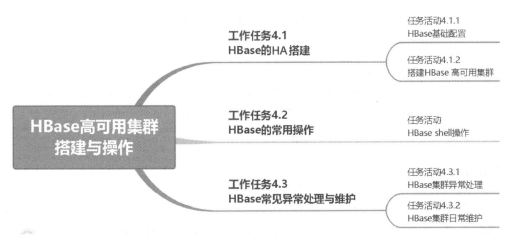

项目任务目标

知识目标

了解 HBase 2.x 与 Hadoop 3.x 的关系。
掌握 HBase 集群搭建的规划方案设计。
掌握 HBase 集群的安装与配置步骤。
掌握 HBase 集群 HDFS HA 的安装与配置步骤。
掌握 Hbase 数据表的常用操作命令。
掌握 HBase 启动与停止服务进程的命令。

技能目标

具备根据需求规划设计 HBase 集群搭建与部署方案的基本能力。
具备 HBase 集群的安装与配置的能力。
具备 HBase HA 的安装与配置的能力。
具备 HBase 集群异常处理与维护的基本能力。

素养目标

培养严谨的学习态度与埋头苦干、精益求精的工作态度。
培养团队协作精神。
培养根据项目要求解决方案的专业素养。
培养 HBase 高可用集群搭建与维护的专业素养。
培养专注、细致的敬业精神。

工作任务 4.1　HBase 的 HA 搭建

【任务描述】

通过本工作任务的实施,实现一个高可靠性、高性能、面向列、可伸缩的分布式数据存储系统。先搭建基于 Hadoop 集群的 HBase 规模结构化存储集群,再做 Hbase 的 HA 高可用配置。要实现 HBase 的高可用,需要再选择一个或多个节点作为 HMaster。

HBase 的 HA 搭建(微课)

【任务分析】

要实现本工作任务,首先,需要设计集群中 HBase 的三台节点机器之间的主从关系;其次,需要明白 HBase 的 HA 相关配置和任务活动实施后在集群中的作用。通过本工作任务的实施,搭建基于 Hadoop 集群的 HBase HA 运行环境。

【任务准备】

1. HBase 介绍

HBase 是一款分布式、面向列、基于 Google Bigtable 的开源数据库软件。它用 Hadoop

HDFS 作为其文件存储系统，可以用 Hadoop MapReduce 来处理 HBase 中的海量数据，可以选择外部或自带 Zookeeper 作为集群协同服务。

2. Hbase 的搭建准备

了解 HBase 与 Hadoop 不同版本间的兼容性，其主要版本兼容性如图 4-1 所示。

	HBase-1.7.x	HBase-2.3.x	HBase-2.4.x
Hadoop-2.10.x	√	√	√
Hadoop-3.1.0	×	×	×
Hadoop-3.1.1+	×	√	√
Hadoop-3.2.x	×	√	√
Hadoop-3.3.x	×	√	√

图 4-1 Hadoop 与 HBase 兼容表

3. 准备好本工作任务的软件安装包

(1) hbase-2.4.17-bin.tar.gz。

(2) 下载网址：https://downloads.apache.org/hbase/。

【任务实施】

任务活动 4.1.1　HBase 基础配置

本任务活动将在 Hadoop 集群主节点机器 hadoop-node1 上做 HBase 基础配置，具体步骤如下。

步骤 1：将 hbase-2.4.17-bin.tar.gz 软件包上传到/usr/software 目录下，然后解压 Hbase 到/usr/local 目录中。

```
[root@hadoop-node1 ~]# cd /local
[root@hadoop-node1 local~]# tar -zxvf /usr/software/hbase-2.4.17-bin.tar.gz
```

步骤 2：打开 hadoop-node1 节点机器/etc 目录下的 profile 文件，在首行添加如下代码并保存，然后执行 source /etc/profile 命令。

```
export HBASE_HOME =/usr/local/hbase-2.4.17
export PATH=$PATH:$HBASE_HOME:$HBASE_HOME/bin
```

步骤 3：打开/usr/local/hbase-2.4.17/conf 下的 hbase-env.sh 文件，并在首行添加以下代码。

```
export HBASE_HOME=/usr/local/hbase-2.4.17
export JAVA_HOME=/usr/local/jdk1.8.0_281/
```

```
export HADOOP_HOME=/usr/local/hadoop-3.3.6
export HBASE_PID_DIR=$HBASE_HOME/pids
export HBASE_LOG_DIR=$HBASE_HOME/logs
export HBASE_MANAGES_ZK=false  # 设置不使用 HBase 内置的 ZooKeeper
export TZ="Asia/Shanghai"  # 设置时区
```

步骤 4：打开 usr/local/hbase-2.4.17/conf 下的 regionservers 文件，删除原有全部内容并添加以下代码。

```
hadoop-node1
hadoop-node2
hadoop-node3
```

步骤 5：打开 usr/local/hbase-2.4.17/conf 下的 hbase-site.xml 文件，删除原有标签 <configuration>和</configuration>之间的所有内容，并重新在它们之间添加以下代码。

```xml
<property>
<name>hbase.cluster.distributed</name>
<value>true</value>
</property>
<property>
<name>hbase.tmp.dir</name>
<value>/usr/local/hbase-2.4.17/tmp</value>
</property>
<!--
<property>
<name>hbase.unsafe.stream.capability.enforce</name>
<value>false</value>
</property>
-->
<!--指定 ZooKeeper 集群存放数据的目录-->
<property>
<name>hbase.zookeeper.property.dataDir</name>
<value>/opt/zookeeperdata</value>
</property>
<!--指定 HBase 需要连接的 ZooKeeper 集群的主机名称-->
<property>
<name>hbase.zookeeper.quorum</name>
<value>hadoop-node1,hadoop-node2,hadoop-node3</value>
</property>
<!--设置 HRegionServers 共享目录，在 Hadoop3 的版本中，此端口是 9820-->
<property>
<name>hbase.rootdir</name>
<value>hdfs://hadoop-node1:9820/hbase</value>
</property>
<!--指定 wal 文件系统的配置-->
<property>
<name>hbase.wal.provider</name>
<value>filesystem</value>
</property>
```

任务活动 4.1.2　搭建 HBase 高可用集群

本任务活动将在 Hadoop 集群主节点机器 hadoop-node1 上做 HBase 高可用 HA 集群配置，然后分发到 hadoop-node2 和 hadoop-node3 上。具体步骤如下。

步骤 1：部署 HBase 的 HA 高可用配置。在 usr/local/hbase-2.4.17/conf 下创建名为 backup-masters 的空文本文件，并在文件中添加如下代码。

```
hadoop-node2
```

步骤 2：按顺序执行下列命令，复制 HBase 安装目录和环境配置到 hadoop-node2 和 hadoop-node3。

```
[root@hadoop-node1 ~]# cd /usr/local
[root@hadoop-node1 local ~]# scp -r hbase-2.4.17 root@hadoop-node2:/usr/local
[root@hadoop-node1 local ~]# scp -r hbase-2.4.17 root@hadoop-node3:/usr/local
[root@hadoop-node1 local ~]# cd /etc
[root@hadoop-node1 etc ~]# scp -r profile root@hadoop-node2:/etc
[root@hadoop-node1 etc ~]# scp -r profile root@hadoop-node3:/etc
```

【任务验证】

通过上述任务活动，我们完成了 HBase 的 HA 搭建。接下来，我们将对本工作任务的正确性进行验证。

1. HBase 启动测试

(1) 在 hadoop-node2 和 hadoop-node3 上输入下列命令，加载与刷新环境变量。

```
[root@hadoop-node2 ~]# source /etc/profile
[root@hadoop-node3 ~]# source /etc/profile
```

(2) 在任意节点机器用下列命令启动 Hadoop。

```
[root@hadoop-node1 ~]# start-all.sh
```

(3) 在 hadoop-node1 节点机器用下列命令启动 HBase。

```
[root@hadoop-node1 ~]# start-hbase.sh
```

启动状态如图 4-2 所示。

```
[root@hadoop-node1 ~]# start-hbase.sh
SLF4J: Class path contains multiple SLF4J bindings.
SLF4J: Found binding in [jar:file:/usr/app/hadoop-3.3.1/share/hadoop/common/lib/slf4j-log4j12-1.7.30.jar!/org/slf4j/impl/StaticLoggerBinder.class]
SLF4J: Found binding in [jar:file:/usr/app/hbase-2.3.6/lib/client-facing-thirdparty/slf4j-log4j12-1.7.30.jar!/org/slf4j/impl/StaticLoggerBinder.class]
SLF4J: See http://www.slf4j.org/codes.html#multiple_bindings for an explanation.
SLF4J: Actual binding is of type [org.slf4j.impl.Log4jLoggerFactory]
running master, logging to /usr/app/hbase-2.3.6/logs/hbase-root-master-hadoop-node1.out
hadoop-node3: regionserver running as process 2593. Stop it first.
hadoop-node2: running regionserver, logging to /usr/app/hbase-2.3.6/logs/hbase-root-regionserver-hadoop-node2.out
hadoop-node1: running regionserver, logging to /usr/app/hbase-2.3.6/logs/hbase-root-regionserver-hadoop-node1.out
hadoop-node2: running master, logging to /usr/app/hbase-2.3.6/logs/hbase-root-master-hadoop-node2.out
```

图 4-2　HBase 启动状态

(4) 在每个节点机器执行 jps 命令，查看进程情况。

```
[root@hadoop-node1 ~]# jps
```

hadoop-node1 节点机器进程情况如图 4-3 所示。

```
[root@hadoop-node1 ~]# jps
3936 ResourceManager
3313 JournalNode
3026 DataNode
4086 NodeManager
4758 GetJavaProperty
4487 HMaster
4824 Jps
2569 QuorumPeerMain
2879 NameNode
3567 DFSZKFailoverController
[root@hadoop-node1 ~]#
```

图 4-3　启动 HBase 后 hadoop-node1 节点进程

hadoop-node2 节点机器进程情况如图 4-4 所示。

```
[root@hadoop-node2 ~]# jps
2656 ResourceManager
2036 QuorumPeerMain
2516 DFSZKFailoverController
2229 DataNode
2741 NodeManager
2153 NameNode
2398 JournalNode
2862 Jps
[root@hadoop-node2 ~]#
```

图 4-4　启动 HBase 后 hadoop-node2 节点进程

hadoop-node3 节点机器进程情况如图 4-5 所示。

```
[root@hadoop-node3 ~]# jps
2290 JournalNode
2166 DataNode
2589 HRegionServer
2014 QuorumPeerMain
2415 NodeManager
2863 Jps
[root@hadoop-node3 ~]#
```

图 4-5　启动 HBase 后 hadoop-node3 节点进程

2. HBase Web 测试

在完成 HBase 启动测试的基础上，打开浏览器，在地址栏中输入 192.168.72.101:16010，按回车键后如果出现图 4-6 所示的 Hbase Web 测试界面，则表明 HBase 工作正常。首页主要包括 Master、Region Servers 和 Backup Masters 等配置信息。

3. HBase shell 测试

(1) 在 hadoop-node1 上输入以下命令，启动 HBase shell。

```
[root@hadoop-node1 ~]# hbase shell
```

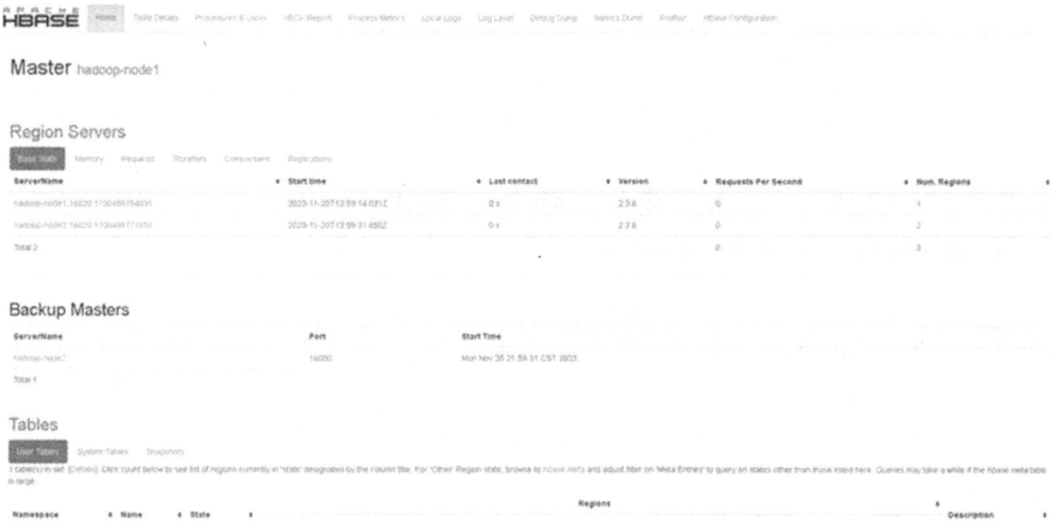

图 4-6　HBase 的 Web 测试界面

启动后状态如图 4-7 所示。

```
[root@hadoop-node1 ~]# hbase shell
SLF4J: Class path contains multiple SLF4J bindings.
SLF4J: Found binding in [jar:file:/usr/hadoop/share/hadoop/common/lib/slf4j-log4j12-1.7.10.jar!/org/slf4j/impl/StaticLoggerBinder.class]
SLF4J: Found binding in [jar:file:/usr/hbase/lib/client-facing-thirdparty/slf4j-reload4j-1.7.33.jar!/org/slf4j/impl/StaticLoggerBinder.class]
SLF4J: See http://www.slf4j.org/codes.html#multiple_bindings for an explanation.
SLF4J: Actual binding is of type [org.slf4j.impl.Log4jLoggerFactory]
HBase Shell
Use "help" to get list of supported commands.
Use "exit" to quit this interactive shell.
For Reference, please visit: http://hbase.apache.org/2.0/book.html#shell
Version 2.4.15, r35310fcd6b11a1d04d75eb7db2e592dd34e4d5b6, Thu Oct 13 11:42:20 PDT 2022
Took 0.0018 seconds
hbase:001:0>
```

图 4-7　HBase shell 状态

(2) 在 HBase shell 里输入 list 命令，会显示 HBase 当前已存在的数据表，执行该命令的结果如图 4-8 所示。

```
hbase:002:0> list
```

```
hbase:001:0> list
TABLE
0 row(s)
Took 1.0830 seconds
=> []
hbase:002:0>
```

图 4-8　执行 list 命令的结果

(3) 在 HBase shell 中用下列命令建立数据表，测试可否写入数据。其中，familyuser 是数据表名，binfo 和 other 为表的两列族。

```
hbase:004:0> create 'familyuser', 'binfo','other'
```

执行结果如图 4-9 所示。

```
hbase:002:0> create 'familyuser','binfo','other'
Created table familyuser
Took 1.3290 seconds
=> Hbase::Table - familyuser
hbase:003:0>
```

图 4-9　建立 familyuser 表

4. 退出 HBase shell 并停止 HBase

在 HBase shell 里输入 exit 命令退出 shell 状态，在 hadoop-node1 节点机器的命令行输入 stop-hbase.sh，停止 HBase，结果如图 4-10 所示。

```
hbase:006:0>exit
[root@hadoop-node1 ~]# stop-hbase.sh
```

```
hbase:003:0> exit
[root@hadoop-node1 ~]# stop-hbase.sh
stopping hbase...............
SLF4J: Class path contains multiple SLF4J bindings.
SLF4J: Found binding in [jar:file:/usr/hadoop/share/hadoop/common/lib/slf4j-log4j12-1.7.10.jar!/org/slf4j/impl/StaticLoggerBinder.class]
SLF4J: Found binding in [jar:file:/usr/hbase/lib/client-facing-thirdparty/slf4j-reload4j-1.7.33.jar!/org/slf4j/impl/StaticLoggerBinder.class]
SLF4J: See http://www.slf4j.org/codes.html#multiple_bindings for an explanation.
SLF4J: Actual binding is of type [org.slf4j.impl.Log4jLoggerFactory]
[root@hadoop-node1 ~]#
```

图 4-10　退出 HBase shell 和停止 HBase

【任务评估】

本任务的评估如表 4-1 所示，请根据工作任务实践情况进行评估。

表 4-1　自我评估与项目小组评价

任务名称						
小组编号		场地号		实施人员		
自我评估与同学互评						
序 号	评 估 项	分　值		评估内容		自我评价
1	任务完成情况	30		按时、按要求完成任务		
2	学习效果	20		学习效果达到学习要求		
3	笔记记录	20		记录规范、完整		
4	课堂纪律	15		遵守课堂纪律，无事故		
5	团队合作	15		服从组长安排，团队协作意识强		
自我评估小计						
任务小结与反思：通过完成上述任务，你学到了哪些知识或技能？						
组长评价：						

工作任务 4.2 HBase 的常用操作

【任务描述】

在搭建好 HBase 的工作环境后，在 HBase shell 环境下用 HBase 提供的 DDL 和 DML 命令来完成本工作任务。

HBase 的常用操作(微课)

【任务分析】

要实现本工作任务，需要先了解 Hbase 命令分类。它主要分为：通用类型命令，如 status、version 等；数据表定义操作类 DDL 命令，重点是表的 create、drop 和 list 等操作；数据操作类 DML 命令，如 put、get、count、append 和 delete 等。了解上述命令后，在任务实施过程中掌握对主要命令语句的使用，熟悉 HBase 的常用操作。

【任务准备】

1. HBase 表结构知识

HBase 用表来存储数据。其中关键词主要包括 RowKey、Region、Store 和 MemStore 等。表的主要结构如图 4-11 所示。

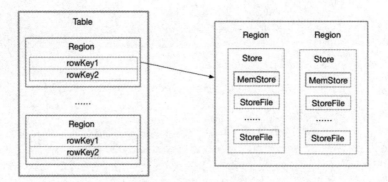

图 4-11 HBase 表结构

RowKey(行键)是每一行的主键列，每行的行键必须唯一，行键的值为任意字符串(最大长度是 64KB)，在 HBase 内部，RowKey 保存为字节数组 byte[]。行的每一次读写是原子操作。

表在行的方向上分割为多个 Region(区域)。Region 是按大小分割的，每个表开始只有一个 Region，随着数据的增多，Region 不断增大。

Region 由一个或者多个 Store 组成，每个 Store 又由一个 MemStore(存储在内存中)和 0 到多个 StoreFile(存储在 HDFS 上)组成，每个 Store 保存一个 ColumnFamily。

2. 本工作任务的数据表结构

本次任务的目标是通过 HBase 的常用 DDL 和 DML 完成表 4-2 的操作。其中表名为

family，包括 binfo 和 other 两个列族。每次只能操作一个字段列。

表 4-2 family(家族数据)表

RowKey id	Column family(列族)				
	binfo(基本信息)			other(其他)	
	name(姓名)	father(父亲)	mother(母亲)	edu(教育)	mobile(电话)
001	(姓名拼音)			cswu	自己号码
002	Binfo:name, wanggang	Binfo:sister, wangmei	Binfo:brother, wanghu		
……	……	……	……	……	……

【任务实施】

任务活动　HBase shell 操作

本任务活动将在工作任务 4.1 搭建好的 HBase 集群上进行操作，在操作前，请确保启动 HBase 并进入 HBase shell 的待操作状态，所有操作可以在集群中任一节点机器上进行，一般情况下，选择在 hadoop-node1 节点机器上操作。常用命令的操作如下。

(1) 查看 HBase 数据文件命令 list。

语法格式：

```
list
```

例如，执行以下命令，可以查看 HBase 下的已有 family 和 p 两个数据库表，结果如图 4-12 所示。

```
hbase:002:0> list
```

```
hbase:002:0> list
TABLE
family
p
2 row(s)
Took 0.0439 seconds
=> ["family", "p"]
hbase:003:0>
```

图 4-12　执行 list 命令结果

(2) 新建数据表命令 create。

语法格式：

```
create '表名','列族名1','列族名2',…,'列族名n'
```

例如，执行以下命令，将创建列族 1 为 binfo、列族 2 为 other 的数据表 family，结果如图 4-13 所示。

```
hbase:001:0> create 'family','binfo','other'
```

```
hbase:001:0> create 'family','binfo','other'
Created table family
Took 1.9913 seconds
=> Hbase::Table - family
hbase:002:0>
```

图 4-13　用 create 命令创建 HBase 表

(3) 查看表结构命令 describe。

语法格式：

```
describe '表名'
```

例如，执行下列命令，将显示数据表 family 的结构，如图 4-14 所示。

```
hbase:003:0> describe 'family'
```

```
=> ["family", "p"]
hbase:003:0> describe 'family'
Table family is ENABLED
family
COLUMN FAMILIES DESCRIPTION
{NAME => 'binfo', BLOOMFILTER => 'ROW', IN_MEMORY => 'false', VERSIONS => '1', KEEP_DELETED_CELLS => 'FALSE', DATA_BLOCK_ENCODING => 'NONE'
, COMPRESSION => 'NONE', TTL => 'FOREVER', MIN_VERSIONS => '0', BLOCKCACHE => 'true', BLOCKSIZE => '65536', REPLICATION_SCOPE => '0'}

{NAME => 'other', BLOOMFILTER => 'ROW', IN_MEMORY => 'false', VERSIONS => '1', KEEP_DELETED_CELLS => 'FALSE', DATA_BLOCK_ENCODING => 'NONE'
, COMPRESSION => 'NONE', TTL => 'FOREVER', MIN_VERSIONS => '0', BLOCKCACHE => 'true', BLOCKSIZE => '65536', REPLICATION_SCOPE => '0'}

2 row(s)
Quota is disabled
Took 0.2243 seconds
hbase:004:0>
```

图 4-14　用 describe 命令查看表结构

(4) 添加数据命令 put。

语法格式：

```
put '表名', 'rowkey', '列族 1：列', '值', '列族 n：列', '值'
```

例如，执行以下命令，向 family 表中添加一条 RowKey 为 04012，在列族 binfo 增加列 name，值为 zhangshan，结果如图 4-15 所示。

```
hbase:005:0> put 'family','04012','binfo:name','zhangsan'
```

```
Took 0.1822 seconds
hbase:005:0> put 'family','04012','binfo:name','zhangsan'
Took 0.2147 seconds
```

图 4-15　用 put 命令添加一列数据

再如，依次执行下面一组命令操作，向 family 表的 binfo 列族添加 age、name 和 sister 列及其对应数据，向 other 列族添加 edu 和 mobile 列及其对应数据，结果如图 4-16 所示。

```
hbase:008:0> put 'family','04012','binfo:age','22'
hbase:009:0> put 'family','04013','other:mobile','13652637485'
hbase:010:0> put 'family','04013','binfo:name','zhangsan1'
hbase:011:0> put 'family','04013','binfo:sister','zhan441'
hbase:012:0>
```

(5) 获取记录或数据命令 get。

语法格式：

```
get '表名', 'rowkey' , ['列族[:列]']
```

其中，参数"['列族[:列]']"表示可以指定获取某个列族或列族下某列名。

```
hbase:008:0> put 'family','04012','binfo:age','22'
Took 0.0128 seconds
hbase:009:0> put 'family','04013','other:mobile','13652637485'
Took 0.0154 seconds
hbase:010:0> put 'family','04013','binfo:name','zhangsan1'
Took 0.0241 seconds
hbase:011:0> put 'family','04013','binfo:sister','zhan441'
Took 0.0117 seconds
hbase:012:0>
```

图 4-16　用 put 命令添加一组数据

例如，执行以下命令，获取数据表 family 中 RowKey 为 04012 的所有信息，结果如图 4-17 所示。

```
hbase:005:0> get 'family','04012'
```

```
hbase:005:0> get 'family','04012'
COLUMN                  CELL
 binfo:age              timestamp=2023-11-20T19:22:46.538, value=22
 binfo:name             timestamp=2023-11-20T19:21:47.591, value=zhangsan
 other:edu              timestamp=2023-11-20T20:41:54.908, value=cqcmc
1 row(s)
Took 0.1335 seconds
hbase:006:0>
```

图 4-17　用 get 命令获取行数据

再如，依次执行下面三条命令，获取数据表 family 中 RowKey 为 04013 下对应的相关数据信息，结果如图 4-18 所示。

```
hbase:004:0> get 'family','04013'
hbase:005:0> get 'family','04013','binfo'
hbase:006:0> get 'family','04013','other:mobile'
```

```
hbase:004:0> get 'family','04013'
COLUMN                  CELL
 binfo:name             timestamp=2023-12-10T15:49:44.693, value=zhangsan1
 binfo:sister           timestamp=2023-12-10T15:50:06.501, value=zhan441
 other:mobile           timestamp=2023-12-10T15:49:23.847, value=13652637485
1 row(s)
Took 0.0808 seconds
hbase:005:0> get 'family','04013','binfo'
COLUMN                  CELL
 binfo:name             timestamp=2023-12-10T15:49:44.693, value=zhangsan1
 binfo:sister           timestamp=2023-12-10T15:50:06.501, value=zhan441
1 row(s)
Took 0.0200 seconds
hbase:006:0> get 'family','04013','other:mobile'
COLUMN                  CELL
 other:mobile           timestamp=2023-12-10T15:49:23.847, value=13652637485
1 row(s)
Took 0.0207 seconds
hbase:007:0>
```

图 4-18　用 get 命令获取部分列数据

(6) 查看表中数据命令 scan。

语法格式：

```
scan '表名'
```

例如，执行以下命令，会显示 family 表中所有数据，包括时间戳、列名和值等，结果如图 4-19 所示。

```
hbase:012:0> scan 'family'
```

```
hbase:012:0> scan 'family'
ROW                              COLUMN+CELL
 04012                           column=binfo:age, timestamp=2023-12-10T15:49:01.944, value=22
 04012                           column=binfo:name, timestamp=2023-12-10T15:48:25.151, value=zhangsan
 04013                           column=binfo:name, timestamp=2023-12-10T15:49:44.693, value=zhangsan1
 04013                           column=binfo:sister, timestamp=2023-12-10T15:50:06.501, value=zhan441
 04013                           column=other:mobile, timestamp=2023-12-10T15:49:23.847, value=13652637485
2 row(s)
Took 0.0921 seconds
hbase:013:0>
```

图 4-19　用 scan 命令查看表数据

(7) 删除指定表数据命令 delete 和 deleteall。

语法格式：

```
delete '表名', 'RowKey', ['列族[:列]']
```

语法格式：

```
deleteall '表名', 'RowKey'
```

其中，参数"['列族[:列]']"表示可以指定删除某个列族或列族下某列数据。

例如，执行以下命令，将删除 family 表的 RowKey 为 04014 的数据，如图 4-20 所示。

```
hbase:017:0> delete 'family','04014'
```

```
Took 0.0235 seconds
hbase:017:0> deleteall 'family','04014'
Took 0.0154 seconds
hbase:018:0> scan 'family'
ROW                              COLUMN+CELL
 04012                           column=binfo:age, timestamp=2023-11-20T19:22:46.538, value=22
 04012                           column=binfo:name, timestamp=2023-11-20T19:21:47.591, value=zhangsan
 04012                           column=other:edu, timestamp=2023-11-20T20:41:54.908, value=cqcmc
 04013                           column=binfo:name, timestamp=2023-11-20T20:45:11.410, value=zhangshan1
 04013                           column=binfo:sister, timestamp=2023-11-20T20:45:53.868, value=zhan441
 04013                           column=other:mobile, timestamp=2023-11-20T20:43:03.067, value=13652637485
2 row(s)
Took 0.0172 seconds
hbase:019:0>
```

图 4-20　删除指定行数据

又如，执行以下命令，将删除 family 表中 RowKey 为 040113 下 binfo 列族里 sister 列的数据，如图 4-21 所示。

```
hbase:020:0> delete 'family','040113','binfo:sister'
```

再如，用 deleteall 命令删除一行数据，比如，删除 family 表中 RowKey 为 040113 的整行数据。

```
hbase:021:0> deleteall 'family','040113'
```

(8) 禁用表命令 disable 和删除表命令 drop。

语法格式：

```
disable '表名'
```

语法格式:

```
drop '表名'  #禁用后才能用 drop 删除表
```

```
Took 0.0172 seconds
hbase:019:0> scan 'family'
ROW                     COLUMN+CELL
 04012                  column=binfo:age, timestamp=2023-11-20T19:22:46.538, value=22
 04012                  column=binfo:name, timestamp=2023-11-20T19:21:47.591, value=zhangsan
 04012                  column=other:edu, timestamp=2023-11-20T20:41:54.908, value=cqcmc
 04013                  column=binfo:name, timestamp=2023-11-20T20:45:11.410, value=zhangshan1
 04013                  column=binfo:sister, timestamp=2023-11-20T20:45:53.868, value=zhan441
 04013                  column=other:mobile, timestamp=2023-11-20T20:43:03.067, value=13652637485
2 row(s)
Took 0.0289 seconds
hbase:020:0> delete 'family','04013','binfo:sister'
Took 0.0099 seconds
hbase:021:0> scan 'family'
ROW                     COLUMN+CELL
 04012                  column=binfo:age, timestamp=2023-11-20T19:22:46.538, value=22
 04012                  column=binfo:name, timestamp=2023-11-20T19:21:47.591, value=zhangsan
 04012                  column=other:edu, timestamp=2023-11-20T20:41:54.908, value=cqcmc
 04013                  column=binfo:name, timestamp=2023-11-20T20:45:11.410, value=zhangshan1
 04013                  column=other:mobile, timestamp=2023-11-20T20:43:03.067, value=13652637485
2 row(s)
Took 0.0147 seconds
hbase:022:0>
```

图 4-21　删除指定行中指定列数据

例如，执行下面三条命令，将先禁用数据表 p，然后删除表 p，最后通过 list 命令显示 p 表已被删除，如图 4-22 所示。

```
hbase:025:0> disable 'p'
hbase:026:0> drop 'p'
hbase:027:0> list
```

```
hbase:025:0> disable 'p'
Took 0.4029 seconds
hbase:026:0> drop 'p'
Took 0.7412 seconds
hbase:027:0> list
TABLE
family
1 row(s)
Took 0.0164 seconds
=> ["family"]
hbase:028:0>
```

图 4-22　禁用和删除表

(9) 统计表中行的数量命令 count。

语法格式:

```
count '表名'
```

例如，执行以下命令，将显示 family 表中数据行的数量为 3，结果如图 4-23 所示。

```
hbase:029:0> count 'family'
```

```
Took 0.0063 seconds
hbase:029:0> count 'family'
3 row(s)
Took 0.0339 seconds
=> 3
hbase:030:0>
```

图 4-23　统计表的行数量

以上是 HBase 数据表操作的常用命令。另外，可在 HBase shell 中输入 help 查看命令帮助。

```
hbase:031:0> help
```

【任务验证】

本任务活动无须做任务验证。

【任务评估】

本任务的评估如表4-3所示,请根据工作任务实践情况进行评估。

表4-3 自我评估与项目小组评价

任务名称					
小组编号		场地号		实施人员	
自我评估与同学互评					
序号	评估项	分值	评估内容		自我评价
1	任务完成情况	30	按时、按要求完成任务		
2	学习效果	20	学习效果达到学习要求		
3	笔记记录	20	记录规范、完整		
4	课堂纪律	15	遵守课堂纪律,无事故		
5	团队合作	15	服从组长安排,团队协作意识强		
自我评估小计					
任务小结与反思:通过完成上述任务,你学到了哪些知识或技能?					
组长评价:					

工作任务 4.3　HBase 常见异常处理与维护

【任务描述】

通过本工作任务的实施，完成 HBase 集群搭建时异常的常用处理方法的总结及 HBase 集群日常维护管理的工作内容，主要包括配置错误、系统中的日志工具的梳理介绍，通过指标监控分析和系统日志等对 HMaster 和 RegionServer 异常宕机、业务写入延迟等问题进行排查和 HBase 集群的日常维护管理。

HBase 常见异常处理与维护(微课)

【任务分析】

要实现本工作任务，首先，要了解 HBase 与 Hadoop 平台及生态圈架构关系；其次，需要理解 HBase 核心组件的工作原理；再次，在每个项目搭建过程中，要注重平台搭建过程中的方法积累及认真分析与总结 HBase 集群搭建与配置过程中常见的错误及解决办法；最后，根据工作场景，了解 HBase 数据存储日常维护管理的工作内容。通过本工作任务的实施，达到培养 HBase 集群搭建异常处理的基本能力及日常维护管理的基本能力。

【任务准备】

准备好项目 4 中工作任务 4.1 已配置并验证完成的 HBase 集群的 hadoop-node1、hadoop-node2、hadoop-node3 三台集群服务器节点机器。

【任务实施】

任务活动 4.3.1　HBase 集群异常处理

本任务活动将对 HBase 搭建过程中常见的问题及异常处理方法进行总结。

(1) 配置文件错误。配置文件错误主要是指 hbase-site.xml 的错误，其可能会导致 HBase 无法启动。在运行命令的时候，可根据错误提示查找定位到配置文件的错误地方，并进行修复。

配置文件错误最直接的影响是导致 HMaster 或 RegionServer 组件的服务进程无法启动，解决方法是进入 HBase 的 logs 文件查看日志，根据报错信息分析解决办法，日志文件所在路径如图 4-24 所示。

(2) ZooKeeper 与 HBase 日志不同步，能启动，但无法用 shell 命令操作。

ZooKeeper 或 HBase 的配置修改导致日志文件改变，引起二者不同步，从而出现类似于 Master is initializing 的错误。其错误信息如图 4-25 所示。

解决办法：删除 ZooKeeper 和 HBase 的 logs、tmp 文件夹并重新初始化。

```
[root@hadoop-node1 ~]# stop-hbase.sh
stopping hbase..............
SLF4J: Class path contains multiple SLF4J bindings.
SLF4J: Found binding in [jar:file:/usr/hadoop/share/hadoop/common/lib/slf4j-log4j12-1.7.10.jar!/org/slf4j/impl/St
aticLoggerBinder.class]
SLF4J: Found binding in [jar:file:/usr/hbase/lib/client-facing-thirdparty/slf4j-reload4j-1.7.33.jar!/org/slf4j/im
pl/StaticLoggerBinder.class]
SLF4J: See http://www.slf4j.org/codes.html#multiple_bindings for an explanation.
SLF4J: Actual binding is of type [org.slf4j.impl.Log4jLoggerFactory]
[root@hadoop-node1 ~]# start-hbase.sh
SLF4J: Class path contains multiple SLF4J bindings.
SLF4J: Found binding in [jar:file:/usr/hadoop/share/hadoop/common/lib/slf4j-log4j12-1.7.10.jar!/org/slf4j/impl/StaticL
oggerBinder.class]
SLF4J: Found binding in [jar:file:/usr/hbase/lib/client-facing-thirdparty/slf4j-reload4j-1.7.33.jar!/org/slf4j/impl/St
aticLoggerBinder.class]
SLF4J: See http://www.slf4j.org/codes.html#multiple_bindings for an explanation.
SLF4J: Actual binding is of type [org.slf4j.impl.Log4jLoggerFactory]
2023-12-07 16:16:38,644 ERROR [main] conf.Configuration: error parsing conf hbase-site.xml
com.ctc.wstx.exc.WstxParsingException: Unexpected close tag </configuration>; expected </property>.
 at [row,col,system-id]: [25,15,"file:/usr/hbase/conf/hbase-site.xml"]
        at com.ctc.wstx.sr.StreamScanner.constructWfcException(StreamScanner.java:621)
        at com.ctc.wstx.sr.StreamScanner.throwParseError(StreamScanner.java:491)
        at com.ctc.wstx.sr.StreamScanner.throwParseError(StreamScanner.java:475)
        at com.ctc.wstx.sr.BasicStreamReader.reportWrongEndElem(BasicStreamReader.java:3365)
        at com.ctc.wstx.sr.BasicStreamReader.readEndElem(BasicStreamReader.java:3292)
        at com.ctc.wstx.sr.BasicStreamReader.nextFromTree(BasicStreamReader.java:2911)
```

图 4-24 HBase 配置错误

```
hbase:002:0> create 'familyuser','binfo','other'

ERROR: org.apache.hadoop.hbase.PleaseHoldException: Master is initializing
        at org.apache.hadoop.hbase.master.HMaster.checkInitialized(HMaster.java:2812)
        at org.apache.hadoop.hbase.master.HMaster.createTable(HMaster.java:2074)
        at org.apache.hadoop.hbase.master.MasterRpcServices.createTable(MasterRpcServices.java:696)
        at org.apache.hadoop.hbase.shaded.protobuf.generated.MasterProtos$MasterService$2.callBlockingMethod(Mast
erProtos.java)
        at org.apache.hadoop.hbase.ipc.RpcServer.call(RpcServer.java:387)
        at org.apache.hadoop.hbase.ipc.CallRunner.run(CallRunner.java:132)
        at org.apache.hadoop.hbase.ipc.RpcExecutor$Handler.run(RpcExecutor.java:369)
        at org.apache.hadoop.hbase.ipc.RpcExecutor$Handler.run(RpcExecutor.java:349)

For usage try 'help "create"'

Took 9.5158 seconds
hbase:003:0>
```

图 4-25 HBase 初始化错误

任务活动 4.3.2　HBase 集群日常维护

本任务活动将对 HBase 集群的日常维护管理操作常见问题进行总结。

(1) HBase 初始化问题的错误管理。

无法启动 hbase，regionserver log 里有错误提示：FATAL org.apache.hadoop.hbase.regionserver.HRegionServer：ABORTING region server 10.210.70.57,60020,1340088145399：Initialization of RS failed. Hence aborting RS.

解决办法：安装配置是正确的，清理 tmp 数据，发现 HRegionServer 依然无法启动，但 ZooKeeper 正常，因此，把 HDFS 里的 HBase 数据都清理掉，同时再删除 tmp，检查各个节点机器是否有残留 HBase 进程，重启 HBase，正常。

(2) HBase 和 Hadoop 的 jar 包冲突。

在执行 HBase 的 shell 命令时出现如下提示。

SLF4J: Class path contains multiple SLF4J bindings.

SLF4J: Found binding in [jar:file:/usr/hbase-0.92.1/lib/slf4j-log4j12-1.5.8.jar!/org/slf4j/impl/StaticLoggerBinder.class]

SLF4J: Found binding in [jar:file:/usr/hadoop-1.0.3/lib/slf4j-log4j12-1.4.3.jar!/org/slf4j/impl/StaticLoggerBinder.class]

SLF4J: See http://www.slf4j.org/codes.html#multiple_bindings for an explanation.

解决办法：因为 HBase 和 Hadoop 里都存在 slf4j-log4j12-1.5.8.jar 包，选择其一移除即可。

(3) java.net.ConnectionException 拒绝连接。

主要有三大原因导致该问题，其主要解决方法如下。

首先，查看 ZooKeeper conf/zoo.cfg 配置文件指定的数据目录 dataDir 和日志目录 dataLogDir 是否存在，如果没有，请在指定位置新建上述两个目录。

其次，在 vim /etc/hosts 目录中查看主机名配置是否正确。如果使用和配置有误，进行修改。

最后，检查 ZooKeeper 端口号 2181 与 hbase-site.xml 里面配置端口号是否一致。

hbase.zookeeper.property.clientPort 4180

Property from ZooKeeper's config zoo.cfg

The port at which the clients will connect

(4) HBase 和 ZooKeeper 时钟同步问题。

HBase 和 ZooKeeper 时钟不同步会引起 HBase 工作异常，此时需要对整个集群配置时钟同步，或者使用 date 命令为每个节点修改时间。

【任务验证】

本任务活动无须做任务验证。

【任务评估】

本任务的评估如表 4-4 所示，请根据工作任务实践情况进行评估。

表 4-4　自我评估与项目小组评价

任务名称					
小组编号		场地号		实施人员	
自我评估与同学互评					
序　号	评 估 项	分　值	评估内容		自我评价
1	任务完成情况	30	按时、按要求完成任务		
2	学习效果	20	学习效果达到学习要求		
3	笔记记录	20	记录规范、完整		
4	课堂纪律	15	遵守课堂纪律，无事故		
5	团队合作	15	服从组长安排，团队协作意识强		
自我评估小计					
任务小结与反思：通过完成上述任务，你学到了哪些知识或技能？ 组长评价：					

项目工作总结

【工作任务小结】

通过本项目工作任务的实施，读者要理解通过 Hadoop 集群搭建一个基于 Hbase 分布式数据存储中心工作场景，并根据场景的工作内容，掌握 HBase 集群搭建、常用命令与编程操作，以及对 HBase 集群异常处理与维护三个工作任务。

读者可根据本项目的实施内容、任务实施、任务验证及任务评估来进行总结，并形成总结报告。

【举一反三能力】

(1) 通过查阅资料并动手实践如何在 Hadoop 平台上对本项目工作顺利实施。

(2) 查阅 1+X 等"大数据平台运维"职业技能等级标准，梳理本项目工作任务的哪些技术技能与职业技能等级标准对应，比如 1+X 的职业技能等级标准初级中的"大数据存储平台运行状态监控"等；中级技能等级标准中的"HBase 配置优化""HBasc 的编程访问""节点故障诊断与处理"等。

(3) 通过查阅资料并结合项目工作任务的经验，思考针对 HBase 平台搭建工作场景如何进行 HBase 集群安装与配置。

(4) 通过本项目的实施，学会 HBase 开源官网资源的使用。HBase 官方文档为 https://hbase.apache.org。

【对接产业技能】

通过本项目工作任务的实施，对接产业技能如下。
(1) 大数据平台分布式存储系统 HBase 典型行业应用场景。
(2) 根据大数据行业项目需求初步设计大数据分布式存储平台配置方案。
(3) HBase 集群的搭建与配置。
(4) HBase 集群的日常维护与管理。

技能拓展训练

【基本技能训练】

通过本项目工作任务的实施，请回答以下问题。
(1) HBase 的安装与配置工作需要依赖哪些软件或平台？
(2) HBase 常用的命令有哪几类？
(3) HBase 集群日常维护管理需要注意哪些事项？
(4) HBase 搭建涉及的核心目录和配置文件有哪些？

【综合技能训练】

(1) 通过本项目工作任务的实施,并查找相关技术资料,在三个服务器节点机器 Linux01、Linux02、Linux03 上安装与配置 Hbase HA 集群,并总结安装与配置过程及其遇到的问题和解决方案。

(2) 会使用 HBase 常用的 DDL 和 DML 进行数据操作和管理。

(3) 会处理 HBase 的常见异常。

项目综合评价

【评价方法】

本项目的评价采用自评、学习小组评价、教师评价相结合的方式,分别从项目实施情况、核心任务完成情况、拓展训练情况进行打分。

【评价指标】

本项目的评价指标体系如表 4-5 所示,请根据学习实践情况进行打分。

表 4-5 项目评价表

项目评价表		项目名称		项目承接人	小组编号
		HBase 高可用集群搭建与操作			
		项目开始时间	项目结束时间	小组成员	
评价指标			分值	评价细则	自评	小组评价	教师评价
项目实施情况 (20 分)	纪律 (5 分)	项目实施准备	1	准备教材、记录本、笔、设备等			
		积极思考回答问题	2	视情况得分			
		跟随教师进度	2	视情况得分			
		违反课堂纪律	0	此为否定项,如有违反,根据情况直接在总得分基础上扣 0~5 分			

续表

评价指标			分值	评价细则	自评	小组评价	教师评价
项目实施情况(20分)	考勤(5分)	迟到、早退	5	迟到、早退,每项扣2.5分			
		缺勤	0	此为否定项,如有出现,根据情况直接在总得分基础上扣0~5分			
	职业道德(5分)	遵守规范	3	根据实际情况评分			
		认真钻研	2	依据实施情况及思考情况评分			
	职业能力(5分)	总结能力	3	按总结的全面性、条理性进行评分			
		举一反三能力	2	根据实际情况评分			
核心任务完成情况(60分)	HBase高可用集群搭建与操作(40分)	HBase高可用集群搭建	3	能理解HBase的概念			
			4	能搭建HBase分布式系统			
			5	能测试HBase工作状态			
		HBase的常用操作	4	能理解HBase的DDL的定义			
			5	能掌握HBase的DDL和DML格式			
			5	能掌握常用HBase的DDL和DML命令			
			5	能理解HBase的API简单操作			
		HBase常见异常处理与维护	3	能理解HBase的主要配置项			
			3	能了解HBase常见异常			
			3	能理解HBase的日志文件内容			

续表

评价指标			分值	评价细则	自评	小组评价	教师评价
核心任务完成情况(60分)	综合素养(20分)	语言表达	5	互动、讨论、总结过程中的表达能力			
		问题分析	5	问题分析情况			
		团队协作	5	实施过程中的团队协作情况			
		工匠精神	5	敬业、精益、专注、创新等			
拓展训练情况(20分)	基本技能与综合技能(20分)	基本技能训练	10	基本技能训练情况			
		综合技能训练	10	综合技能训练情况			
总分							
综合得分(自评20%,小组评价30%,教师评价50%)							
组长签字:				教师签字:			

项目 5　Hive 数据仓库工具搭建与操作

工作场景描述

Hive 是基于 Hadoop 构建的一套数据仓库分析系统。它提供了丰富的 SQL 查询方式来分析存储在 Hadoop 分布式文件系统中的数据；可以将结构化的数据文件映射为一张数据库表，并提供完整的 SQL 查询功能；可以将 SQL 语句转换为 MapReduce 任务运行，通过自己的 SQL 查询分析需要的内容，这套 SQL 简称 Hive SQL，让不熟悉 MapReduce 的用户可以很方便地使用 SQL 语句查询、汇总和分析数据。它与关系型数据库的 SQL 略有差别，但支持绝大多数语句(如 DDL、DML，以及常见的聚合函数、连接查询和条件查询等)。它还提供一系列的 ETL 工具进行数据提取、转化和加载，用来查询和分析存储数据。

Hive 的查询操作过程严格遵守 Hadoop MapReduce 的作业执行模型。Hive 将用户的 HQL 语句通过解释器转换为 MapReduce 作业提交到 Hadoop 集群上，由 Hadoop 监控作业执行过程，然后将作业执行结果返回给用户。它最适合处理大量不可变数据的批处理作业，例如网络日志分析。

某单位的大数据项目实施需要通过虚拟化技术搭建一个在 Hadoop 集群下基于 Hive 的数据仓库中心，大数据运维工程师接到工作任务后，在本书前期项目 2 和项目 3 的 Hadoop HA 集群搭建任务完成后，继续本项目 Hive 数据仓库的搭建和使用。本项目的主要内容包括 MySQL 的安装配置、Hive 的配置和使用以及常见异常处理与维护。

工作任务导航

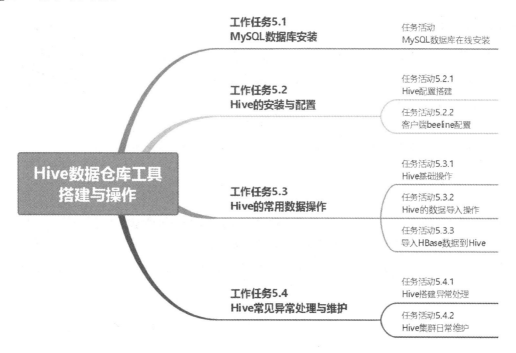

📖 项目工作目标

知识目标

掌握 MySQL 环境相关配置。
了解 MySQL 的 Hive 元数据配置。
掌握 Hive 集群搭建的规划方案设计。
掌握 Hive 集群相关配置与配置步骤。
掌握 Hive 常用数据库操作命令。
掌握 Hive 服务端和客户端的启动与停止命令。

技能目标

具备根据需求规划设计集群搭建与部署方案的基本能力。
具备 Hive 集群安装与配置的能力。
具备 Hive 集群异常处理与维护的基本能力。

素养目标

培养严谨、注重细节的学习态度与精益求精的精神。
培养团队协作精神。
培养根据实际工作场景进行 Hive 方案设计的素养。
培养专注、创新的敬业精神。

工作任务 5.1　MySQL 数据库安装

【任务描述】

通过本工作任务的实施，在 Hadoop 集群主节点机器 hadoop-node1 上安装 MySQL。它是一种关系型数据库管理系统，开放源代码，是中小型网站开发数据后台的首选。本工作任务的 MySQL 作为下一任务 Hive 搭建的元数据库使用。MySQL 数据库已被甲骨文公司收购，因此我们采用 MySQL 的开源版本 MariaDB 进行在线安装。

MySQL 数据库安装(微课)

【任务分析】

要实现本工作任务，首先，需要完成项目 1 的虚拟机基础配置，包括网络、主机配置等。再次，根据工作场景、工作任务内容应用环境，对 MySQL 的安全性、用户设置、远程授权和管理等要熟悉。通过本工作任务的实施，完成 MySQL 的搭建、配置与验证过程。

【任务准备】

1. MySQL 关系数据库介绍

MySQL 数据库具有如下特征。

(1) 数据结构规范性。其以表格的形式组织数据,每个表格都具有明确定义的列和行。这种规范性使数据结构清晰,易于理解和维护,有助于降低数据错误的风险。

(2) 数据关联性。其允许在不同表格之间建立关联,这种关联性让数据可以更好地组织和关联起来。通过外键机制,可以实现数据的一致性和完整性。

(3) 数据查询和检索。其提供强大的查询语言(如 SQL),允许用户轻松检索和过滤数据。这使得用户可组合各种条件和需求来获取所需的信息。

(4) 数据完整性和一致性。其支持失误处理,确保数据的一致性和完整性。如果一个操作失败,数据库可以回滚到之前的状态,从而防止数据损坏或不一致。

(5) 数据安全性。其提供各种安全性措施,包括用户权限管理和数据加密,以确保只有授权用户能够访问敏感数据。

(6) 多用户支持。其可以同时支持多个用户访问和修改数据,而不会引发冲突。这种多用户支持使得数据库可以用于大型组织和高流量的应用程序。

(7) 数据备份和恢复。其关系数据库允许定期备份数据,并在需要时进行恢复。这有助于保护数据免受硬件故障或灾难性事件的影响。

上述特征让 MySQL 成为各种组织和企业能够高效地管理和存储数据的理想选择。

2. 准备好本工作任务的软件安装包

用 yum 源安装 mariadb-server。

【任务实施】

任务活动　MySQL 数据库在线安装

本任务活动将在 hadoop-node1 上完成 MariaDB-MySQL 在线安装,具体步骤如下。

步骤 1:在主节点机器 hadoop-node1 上执行以下命令,进行 MariaDB-MySQL 数据库的安装。

```
[root@hadoop-node1 ~]# yum -y install  mariadb-server
```

步骤 2:在主节点机器 hadoop-node1 上,打开/etc 目录下 my.cnf 文件。

```
[root@ hadoop-node1 ~]#  vi /etc/my.cnf
```

在 my.cnf 文件的[mysqld]标签下添加以下内容。

```
init_connect='SET collation_connection = utf8_unicode_ci'
init_connect='SET NAMES utf8'
character-set-server=utf8
collation-server=utf8_unicode_ci
skip-character-set-client-handshake
```

在 [mysqld_safe] 标签下添加以下内容。

```
skip-grant-tables
```

步骤 3：在主节点机器 hadoop-node1 上，打开/my.cnf.d 目录下 client.cnf 文件。

```
[root@ hadoop-node1 ~]# vi /etc/my.cnf.d/client.cnf
```

在 client.cnf 文件的[client]标签下添加以下内容。

```
default-character-set=utf8
```

步骤 4：在主节点机器 hadoop-node1 上，打开/my.cnf.d 目录下 mysql-clients.cnf 文件。

```
[root@n hadoop-ode1 ~]# vi /etc/my.cnf.d/mysql-clients.cnf
```

在 mysql-clients.cnf 文件的[mysql]标签下添加以下内容。

```
default-character-set=utf8
```

步骤 5：在主节点机器 hadoop-node1 上，启动 MariaDB-MySQL 服务。

```
[root@ hadoop-node1 ~]#  systemctl start mariadb
```

步骤 6：执行以下命令，将 MariaDB-MySQL 服务设置成开机启动。

```
[root@ hadoop-node1 ~]#  systemctl enable mariadb
```

步骤 7：在 hadoop-node1 上执行下列命令，首次启动 MySQL 并进行账号和密码设置。提示输入密码时直接按回车键。

```
 [root@hadoop-node1 ~]# mysql -uroot -p
```

步骤 8：在 Windows 端 cmd 窗口中输入 ipconfig 命令，查询 VMware Network Adapter VMnet8 的 IPv4 地址；顺序执行下列两条命令，将会在 MySQL 数据库中添加一行主机名为 VMnet8 的 IPv4 地址和账号名为 root 的用户。

```
MariaDB [(none)]>use mysql;
MariaDB [mysql]>insert into user(host,user) values("xxx","root");
```

注意，xxx 为查询出来的 VMnet8 的 IPv4 地址。

步骤 9：在 MariaDB 中顺序执行下列两条命令，修改 root 用户的密码为 root 并刷新生效。

```
MariaDB [mysql]>update user set password=password('root') where user='root';
MariaDB [mysql]>flush privileges;
```

步骤 10：退出 MariaDB-MySQL。

```
MariaDB [mysql]>exit;
```

步骤 11：打开 hadoop-node1 上/etc 目录下的 my.cnf 文件，将[mysqld_safe]标签下的 skip-grant-tables 所在行前加上"#"，即修改为注释。

步骤 12：在 hadoop-node1 上重启 MariaDB-MySQL 服务。

```
[root@ hadoop-node1 ~]#  systemctl restart mariadb
```

【任务验证】

通过工作任务 5.1，我们完成了 MySQL 的安装，接下来主要通过 MySQL 带密码登录、远程授权、建立数据库和显示表等操作来验证本工作任务的正确性。

1. MySQL 带密码登录

根据前面工作任务步骤 18 的配置，我们在 hadoop-node1 节点上输入下列携带用户名和密码的命令来登录 MySQL，进入 MySQL 的 shell 状态。

```
[root@hadoop-node1 ~]# mysql -uroot -proot
```

2. 远程授权

为了让远程计算机能访问 MySQL，需要在 MySQL shell 中依次执行下述两条命令以授权远程主机登录，我们设置远程接入的用户名和密码均为 root。

```
MariaDB [(none)]>GRANT ALL PRIVILEGES ON *.* TO 'root'@'%' IDENTIFIED BY 'root' WITH GRANT OPTION;
MariaDB [(none)]>FLUSH PRIVILEGES;
```

3. 数据库操作验证

逐条完成下列命令，实现建立数据库、显示数据库、切换数据库和显示当前数据库中的表。

```
MariaDB [(none)]>CREATE DATABASE IF NOT EXISTS book;
#若 book 不存在，则建立该数据库
MariaDB [(none)]>show databases;       #显示所有数据库
MariaDB [(none)]>use book;             #切换到 book 数据库
MariaDB [book]>show tables;            #显示当前数据库中的表
```

上述语句操作结果如图 5-1 所示。

```
Welcome to the MariaDB monitor.  Commands end with ; or \g.
Your MariaDB connection id is 2
Server version: 5.5.68-MariaDB MariaDB Server

Copyright (c) 2000, 2018, Oracle, MariaDB Corporation Ab and others.

Type 'help;' or '\h' for help. Type '\c' to clear the current input statement.

MariaDB [(none)]> CREATE DATABASE IF NOT EXISTS book;
Query OK, 1 row affected (0.00 sec)

MariaDB [(none)]> show databases;
+--------------------+
| Database           |
+--------------------+
| information_schema |
| book               |
| mysql              |
| performance_schema |
| test               |
+--------------------+
5 rows in set (0.00 sec)

MariaDB [(none)]> use book;
Database changed
MariaDB [book]> show tables;
Empty set (0.00 sec)

MariaDB [book]>
```

图 5-1 数据库操作验证

4. 表和数据操作验证

下列语句主要实现创建表、向表添加数据和显示数据。

创建 xs 表，包括 name 和 score 两列，命令如下：

```
MariaDB [book]>create table IF NOT EXISTS xs(name char(20), score float);
#在 book 数据库中建立 xs 表
```

向 xs 表中添加两条数据记录，命令如下：

```
MariaDB [book]>insert into xs values('wanghong',85.0);
#在 xs 表中添加第一条记录
MariaDB [book]>insert into xs values('Ligangong',88.8);
#在 xs 表中添加第二条记录
```

显示 xs 表中的数据记录，命令如下：

```
MariaDB [book]>select * from xs;
```

上述语句执行结果如图 5-2 所示。

```
MariaDB [book]> create table IF NOT EXISTS xs(name char(20), score float);
Query OK, 0 rows affected (0.01 sec)

MariaDB [book]> insert into xs values('wanghong',85.0);
Query OK, 1 row affected (0.00 sec)

MariaDB [book]> insert into xs values('Ligangong',88.8);
Query OK, 1 row affected (0.00 sec)

MariaDB [book]> select * from xs;
+-----------+-------+
| name      | score |
+-----------+-------+
| wanghong  |    85 |
| Ligangong |  88.8 |
+-----------+-------+
2 rows in set (0.00 sec)

MariaDB [book]>
```

图 5-2　表和数据操作验证

【任务评估】

本任务的评估如表 5-1 所示，请根据工作任务实践情况进行评估。

表 5-1 自我评估与项目小组评价

任务名称						
小组编号		场地号		实施人员		
自我评估与同学互评						
序 号	评 估 项	分 值	评估内容			自我评价
1	任务完成情况	30	按时、按要求完成任务			
2	学习效果	20	学习效果达到学习要求			
3	笔记记录	20	记录规范、完整			
4	课堂纪律	15	遵守课堂纪律,无事故			
5	团队合作	15	服从组长安排,团队协作意识强			
自我评估小计						

任务小结与反思:通过完成上述任务,你学到了哪些知识或技能?

组长评价:

工作任务 5.2 Hive 的安装与配置

【任务描述】

通过本工作任务的实施,实现在 Hadoop 集群三台节点上完成 Hive 集群搭建,主要包括 Hive 安装前准备、Hive 安装与配置、Hive 的验证,验证内容包括启动 Hive 进程、数据库查询和数据表查询等。

Hive 的安装与配置(微课)

【任务分析】

要实现本工作任务,首先,需要在集群三台节点机器之间分别配置 Hive,并指明 MySQL 元数据节点所在位置;其次,需要明白 Hive 相关配置和任务活动实施后在集群中的层次结构。通过本工作任务的实施,完成搭建基于 Hadoop 集群的 Hive 运行环境和数据的基本操作。

【任务准备】

1. Hive 数据仓库简介

Hive 是基于 Hadoop 的一个数据仓库工具,可以将结构化的数据文件映射为一张数据库表,通过类 SQL 语句快速实现简单的 MapReduce 分布式计算,适合数据仓库的统计分析。Hive 架构在 Hadoop 之上,使查询和分析更方便,用来处理结构化数据。

Hive 是 SQL 解析引擎,它将 SQL 语句转译成 M/R Job,然后在 Hadoop 中执行。Hive 的表其实就是 HDFS 的目录/文件,按表名把文件夹分开。如果是分区表,则分区值是子文件夹,可以直接在 M/R Job 里使用数据。

Hive 在业务分析中将用户容易编写的 SQL 语句转换为复杂难写的 MapReduce 程序,降低了 Hadoop 学习门槛,让用户可以利用 Hadoop 进行数据挖掘分析。

HDFS 和 MapReduce 是 Hive 架构的根基。

Hive 将元数据存储在关系数据库中,如 MySQL 或 Derby。Hive 中的元数据包括表的名字,表的列和分区及其属性,表的属性(是否为外部表等),表的数据所在目录等。

2. 准备好本工作任务软件安装包

(1) apache-hive-3.1.2-bin.tar.gz。
(2) 下载网址:https://downloads.apache.org/hive/。

【任务实施】

任务活动 5.2.1 Hive 配置搭建

本任务活动将在本项目工作任务 5.1 已配置并验证完成的 MySQL 和项目 3 已搭建好的由 hadoop-node1、hadoop-node2、hadoop-node3 构成的三台集群服务器的 hadoop-node1 节点机器上实施。操作步骤如下。

步骤 1：用 wget 命令到 apache 网站下载 apache-hive-3.1.2-bin.tar.gz 软件包，保存到 usr/software 目录下。

```
[root@hadoop-node1 ~]# cd /usr/software
[root@hadoop-node1 software ~]# wget https://downloads.apache.org/hive/
hive-3.1.2/ apache-hive-3.1.2-bin.tar.gz
```

步骤 2：将 software 下的 Hive 软件包解压到/usr/local 目录下。

```
[root@hadoop-node1 software ~]# cd /usr/local
[root@hadoop-node1 local ~]# tar -zxvf /usr/software/apache-hive-3.1.2-bin.tar.gz
```

步骤 3：将/usr/local 目录下 apache-hive-3.1.2-bin 目录改名为 hive。

步骤 4：打开/etc 目录下 profile 文件，添加 Hive 的 PATH 环境变量。

```
export  HIVE=/usr/local/hive
export  PATH=$PATH:$HIVE:$HIVE/bin
```

执行下列命令刷新环境变量并检查是否生效。

```
[root@hadoop-node1 local ~]# source /etc/profile
[root@hadoop-node1 local ~]# echo $PATH
```

步骤 5：进入/usr/local/software 目录，下载 MySQL 数据库的 Java 驱动文件。

```
[root@hadoop-node1 software ~]# wget https://cdn.mysql.com/archives/
mysql-connector-java-8.0/mysql-connector-java-8.0.18.tar.gz
```

解压下载的 MySQL 数据库驱动文件。

```
[root@hadoop-node1 software ~]# tar -zxvf mysql-connector-java-8.0.18.tar.gz
```

进入解压后的 mysql-connector-java-8.0.18 目录，将目录下的 mysql-connector-java-8.0.18.jar 文件复制到 Hive 的 lib 目录中。

步骤 6：将/usr/local/hive/conf 下的 hive-env.sh.template 文件改名为 hive-env.sh，并在最前面添加以下代码。

```
HADOOP_HOME=/usr/local/hadoop-3.3.6
```

步骤 7：将 /usr/local/hive/conf 目录下的 hive-log4j2.properties.template 文件改名为 hive-log4j2.properties。

步骤 8：在/usr/local/hive/conf 下新建名为 hive-site.xml 的空白文件，并添加以下内容。

```xml
<configuration>
<property>
    <name>javax.jdo.option.ConnectionDriverName</name>
    <value>com.mysql.cj.jdbc.Driver</value>
</property>
<property>
    <name>javax.jdo.option.ConnectionURL</name>
    <value>jdbc:mysql://hadoop-node1:3306/hive?createDatabaseIfNotExist=true&amp;
        useUnicode=true&amp;characterEncoding=UTF-8&amp;useSSL=false</value>
```

```xml
</property>
<property>
    <name>javax.jdo.option.ConnectionUserName</name>
    <value>root</value>
</property>
<property>
    <name>javax.jdo.option.ConnectionPassword</name>
    <value>root</value>
</property>
</configuration>
```

步骤 9：分别复制 hadoop-node1 节点机器上的/usr/local/hive 目录到 hadoop-node2 和 hadoop-node3 上。

```
[root@hadoop-node1 local ~]# scp -r ./hive root@hadoop-node2:/usr/local
[root@hadoop-node1 local ~]# scp -r ./hive root@hadoop-node3:/usr/local
```

步骤 10：在 hadoop-node1 上进行 Hive 元数据(Metastore)的初始化。

```
[root@hadoop-node1 local ~]# schematool -initSchema -dbType mysql
```

执行上述命令后，若最后两行显示信息为

```
Initialization script completed
schemaTool completed
```

则表明初始化成功。

任务活动 5.2.2　客户端 beeline 配置

本任务活动将在本项目工作任务 5.2.1 已搭建好的 Hive 服务端由 hadoop-node1、hadoop-node2、hadoop-node3 构成的三台集群服务器的 hadoop-node1 节点机器上实施。操作步骤如下。

步骤 1：打开/usr/local/hadoop-3.3.6/etc/hadoop 目录下的 core-site.xml 文件，在</configuration>标签前插入一空行，并添加以下内容。

```xml
<property>
    <name>hadoop.proxyuser.root.hosts</name>
    <value>*</value>
</property>
<property>
    <name>hadoop.proxyuser.root.groups</name>
    <value>*</value>
</property>
```

步骤 2：打开/usr/local/hadoop-3.3.6/etc/hadoop 目录下的 hdfs-site.xml 文件，在</configuration>标签前插入一空行，并添加以下内容。

```xml
<property>
    <name>dfs.permissions</name>
    <value>false</value>
</property>
```

步骤 3：将上述两个被修改后的 Hadoop 配置文件用以下命令复制到另外两个节点机器的同目录下。

```
[root@ hadoop-node1 local ~]# cd /usr/local/hadoop-3.3.6/etc/hadoop
[root@ hadoop-node1 hadoop ~]# scp core-site.xml hdfs-site.xml
root@hadoop-node2:/usr/local/hadoop-3.3.6/etc/hadoop
[root@ hadoop-node1 hadoop ~]# scp core-site.xml hdfs-site.xml
root@hadoop-node3：:/usr/local/hadoop-3.3.6/etc/hadoop
```

步骤 4：依次执行以下命令，将主节点机器 node1 上的 Hive 复制到其他两个从节点。

```
[root@ hadoop-node1 hadoop ~]#  scp -r /usr/local/hive
root@hadoop-node2:/usr/local/
[root@ hadoop-node1 hadoop ~]#  scp -r /usr/local/hive
root@hadoop-node3:/usr/local/
```

【任务验证】

通过工作任务 5.2 完成了 Hive 搭建。现在我们通过 Hive 启动、查询数据库、查询表等来验证本工作任务的正确性。

1. 启动 Hive 服务端

从 Hive2 开始，建议 Hive 采用服务端-客户端模式。本次测试 Hive 服务端从主节点机器 hadoop-node1 上用 hiveserver2 命令启动，启动后信息显示有三行类似于"Hive Session ID……"的信息，说明 Hive 服务端运行正常。

```
[root@hadoop-node1 ~]# hiveserver2
```

结果如图 5-3 所示。

图 5-3　启动 Hive 服务端

2. Hive 服务端 Web 测试

Hive 的 Web 服务端端口为 10002，在浏览器地址栏中输入 http://192.168.72.101:10002，会出现图 5-4 所示的界面。

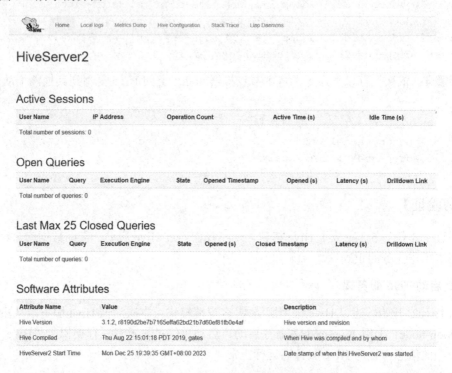

图 5-4 Hive 的 Web 端测试界面

3. Hive 客户端登录

从 Hive2 开始，Hive 客户端运行命令为 beeline，本测试在 hadoop-node2 节点机器上运行 beeline 命令，并在 beeline>提示符后输入!connect jdbc:hive2://hadoop-node1:10000，连接到 hadoop-node1 的 Hive 服务端，接下来输入用户名 root，密码为空，即可进入 Hive shell 等待状态。结果如图 5-5 所示。

```
[root@hadoop-node2 ~]# beeline
```

```
[root@hadoop-node2 ~]# beeline
SLF4J: Class path contains multiple SLF4J bindings.
SLF4J: Found binding in [jar:file:/usr/app/hive-3.1.2-bin/lib/log4j-slf4j-impl-2.10.0.jar!/org/slf4j/impl/S
taticLoggerBinder.class]
SLF4J: Found binding in [jar:file:/usr/app/hadoop-3.3.1/share/hadoop/common/lib/slf4j-log4j12-1.7.30.jar!/o
rg/slf4j/impl/StaticLoggerBinder.class]
SLF4J: See http://www.slf4j.org/codes.html#multiple_bindings for an explanation.
SLF4J: Actual binding is of type [org.apache.logging.slf4j.Log4jLoggerFactory]
Beeline version 3.1.2 by Apache Hive
beeline> !connect jdbc:hive2://hadoop-node1:10000
Connecting to jdbc:hive2://hadoop-node1:10000
Enter username for jdbc:hive2://hadoop-node1:10000: root
Enter password for jdbc:hive2://hadoop-node1:10000:
Connected to: Apache Hive (version 3.1.2)
Driver: Hive JDBC (version 3.1.2)
Transaction isolation: TRANSACTION_REPEATABLE_READ
0: jdbc:hive2://hadoop-node1:10000>
```

图 5-5 Hive 客户端登录

4. Hive 数据操作测试

在图 5-5 的 shell 提示符下依次执行下列语句,完成显示数据库、切换数据库、显示当前数据库中的表和退出 beeline 等操作。

```
0: jdbc:hive2://hadoop-node1:10000> show databases;
#显示数据库有 default、pi 和 testwang 等
0: jdbc:hive2://hadoop-node1:10000> use testwang;      #切换数据库到 testwang
0: jdbc:hive2://hadoop-node1:10000> show tables;       #显示数据库 testwang 的表
0: jdbc:hive2://hadoop-node1:10000> !quit              #退出 beeline
```

上述全部语句运行结果如图 5-6 所示。

```
0: jdbc:hive2://hadoop-node1:10000> show databases;
INFO  : Compiling command(queryId=root_20231225201734_9b923de9-77f6-48d3-86ef-751588b0277b): show databases
INFO  : Concurrency mode is disabled, not creating a lock manager
INFO  : Semantic Analysis Completed (retrial = false)
INFO  : Returning Hive schema: Schema(fieldSchemas:[FieldSchema(name:database_name, type:string, comment:from deserializer)], properties:null)
INFO  : Completed compiling command(queryId=root_20231225201734_9b923de9-77f6-48d3-86ef-751588b0277b); Time taken: 0.086 seconds
INFO  : Concurrency mode is disabled, not creating a lock manager
INFO  : Executing command(queryId=root_20231225201734_9b923de9-77f6-48d3-86ef-751588b0277b): show databases
INFO  : Starting task [Stage-0:DDL] in serial mode
INFO  : Completed executing command(queryId=root_20231225201734_9b923de9-77f6-48d3-86ef-751588b0277b); Time taken: 0.044 seconds
INFO  : OK
INFO  : Concurrency mode is disabled, not creating a lock manager
+----------------+
| database_name  |
+----------------+
| default        |
| pi             |
| testwang       |
+----------------+
3 rows selected (0.344 seconds)
0: jdbc:hive2://hadoop-node1:10000> use testwang;
INFO  : Compiling command(queryId=root_20231225201912_04830409-8ef7-4e11-9bf5-dcbf28d538e8): use testwang
INFO  : Concurrency mode is disabled, not creating a lock manager
INFO  : Semantic Analysis Completed (retrial = false)
INFO  : Returning Hive schema: Schema(fieldSchemas:null, properties:null)
INFO  : Completed compiling command(queryId=root_20231225201912_04830409-8ef7-4e11-9bf5-dcbf28d538e8); Time taken: 0.128 seconds
INFO  : Concurrency mode is disabled, not creating a lock manager
INFO  : Executing command(queryId=root_20231225201912_04830409-8ef7-4e11-9bf5-dcbf28d538e8): use testwang
INFO  : Starting task [Stage-0:DDL] in serial mode
INFO  : Completed executing command(queryId=root_20231225201912_04830409-8ef7-4e11-9bf5-dcbf28d538e8); Time taken: 0.025 seconds
INFO  : OK
INFO  : Concurrency mode is disabled, not creating a lock manager
No rows affected (0.177 seconds)
0: jdbc:hive2://hadoop-node1:10000> show tables;
INFO  : Compiling command(queryId=root_20231225201957_774b9ef7-12d7-44d5-99ba-0589183ec4f5): show tables
INFO  : Concurrency mode is disabled, not creating a lock manager
INFO  : Semantic Analysis Completed (retrial = false)
INFO  : Returning Hive schema: Schema(fieldSchemas:[FieldSchema(name:tab_name, type:string, comment:from deserializer)], properties:null)
INFO  : Completed compiling command(queryId=root_20231225201957_774b9ef7-12d7-44d5-99ba-0589183ec4f5); Time taken: 0.032 seconds
INFO  : Concurrency mode is disabled, not creating a lock manager
INFO  : Executing command(queryId=root_20231225201957_774b9ef7-12d7-44d5-99ba-0589183ec4f5): show tables
INFO  : Starting task [Stage-0:DDL] in serial mode
INFO  : Completed executing command(queryId=root_20231225201957_774b9ef7-12d7-44d5-99ba-0589183ec4f5); Time taken: 0.032 seconds
INFO  : OK
INFO  : Concurrency mode is disabled, not creating a lock manager
+----------+
| tab_name |
+----------+
+----------+
No rows selected (0.093 seconds)
0: jdbc:hive2://hadoop-node1:10000> !quit
Closing: 0: jdbc:hive2://hadoop-node1:10000
[root@hadoop-node2 ~]#
```

图 5-6 Hive 数据操作

【任务评估】

本任务的评估如表 5-2 所示,请根据工作任务实践情况进行评估。

表 5-2　自我评估与项目小组评价

任务名称						
小组编号		场地号		实施人员		
自我评估与同学互评						
序　号	评 估 项	分　值		评估内容		自我评价
1	任务完成情况	30		按时、按要求完成任务		
2	学习效果	20		学习效果达到学习要求		
3	笔记记录	20		记录规范、完整		
4	课堂纪律	15		遵守课堂纪律，无事故		
5	团队合作	15		服从组长安排，团队协作意识强		
自我评估小计						

任务小结与反思：通过完成上述任务，你学到了哪些知识或技能？

组长评价：

工作任务 5.3　Hive 的常用数据操作

【任务描述】

通过本工作任务的实施，实现 Hive 的常用数据操作，主要包括数据库操作、表操作、数据查询和数据导入/导出等。

Hive 的常用数据操作(微课)

【任务分析】

要实现本工作任务，首先，需要完成工作任务 5.2 中 Hive 集群的搭建。其次，需要深刻理解 Hive 的工作原理及架构。再次，根据工作场景、工作任务内容设计一组 HQL 语句来完成 Hive 基本操作，涉及 SQL 语句中的 create、use、show 等命令。通过本工作任务的实施，完成 Hive 常用操作过程。

【任务准备】

1. Hive 数据模型介绍

Hive 中包含以下四类数据模型：表(Table)、外部表(External Table)、分区(Partition)、桶(Bucket)。

Hive 中的表和数据库中的表在概念上是类似的。在 Hive 中，每一个 Table 都有一个相应的目录存储数据。

外部表是一个已经存储在 HDFS 中，并具有一定格式的数据。使用外部表意味着 Hive 表内的数据不在 Hive 的数据仓库内，它会到仓库目录以外的位置访问数据。

外部表和普通表的操作不同，创建普通表的操作分为两个步骤，即表的创建步骤和数据装入步骤(可以分开，也可以同时完成)。在数据的装入过程中，实际数据会移动到数据表所在的 Hive 数据仓库文件目录中，其后对该数据表进行访问时，将直接访问装入所对应文件目录中的数据。删除表时，该表的元数据和在数据仓库目录下的实际数据将同时删除。

外部表的创建只有一个步骤，创建表和装入数据同时完成。外部表的实际数据存储在创建语句 LOCATION 参数指定的外部 HDFS 文件路径中，但这个数据并不会移动到 Hive 数据仓库的文件目录中。删除外部表时，仅删除其元数据，保存在外部 HDFS 文件目录中的数据不会被删除。

分区对应于数据库中的分区列的密集索引，但是 Hive 中分区的组织方式和数据库中的不相同。在 Hive 中，表中的一个分区对应于表下的一个目录，所有的分区数据都存储在对应的目录中。

桶是对指定列进行哈希(Hash)计算，会根据哈希值切分数据，其目的是并行，每一个桶对应一个文件。

Hive 主要命令包括 create、show、alter、desc 和 use 等。

2. 准备三台 Hive 集群节点机器

准备好项目 5 中工作任务 5.2 已配置并验证完成的 Hive 集群的 hadoop-node1、

hadoop-node2、hadoop-node3 三台集群服务器节点机器。

【任务实施】

任务活动 5.3.1 Hive 基础操作

本任务活动将使用 HQL 基础语句来实现对 Hive 的数据访问。启动 Hive 后，在 Hive shell 中依次执行 HQL 语句。本任务活动用到的 HQL 命令主要包括 create、use、select、show 和 load 等。具体操作步骤如下。

步骤 1： 显示数据库，命令如下。

```
0: jdbc:hive2://hadoop-node1:10000> show databases;  //显示已有数据库
```

步骤 2： 用自己的姓名和学号创建数据库，命令如下。

```
0: jdbc:hive2://hadoop-node1:10000> create database wang023;
//用自己的姓名和学号创建数据库
```

步骤 3： 显示上一步建立的数据库，命令如下。

```
0: jdbc:hive2://hadoop-node1:10000> show databases;  //显示刚建立的数据库
```

建立的数据库如图 5-7 所示。

```
+----------------+
| database_name  |
+----------------+
| default        |
| pi             |
| testwang       |
| wang023        |
+----------------+
4 rows selected (0.094 seconds)
```

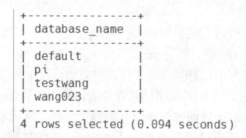

图 5-7 建立的数据库

步骤 4： 切换数据库，命令如下。

```
0: jdbc:hive2://hadoop-node1:10000> use wang023;
```

步骤 5： 显示数据库中的表，命令如下。

```
0: jdbc:hive2://hadoop-node1:10000> show tables;
```

因数据库刚建好但未建表，所以执行显示表命令后结果为 No rows selected。上述步骤执行结果如图 5-8 所示。

```
+-----------+
| tab_name  |
+-----------+
+-----------+
No rows selected (0.094 seconds)
```

图 5-8 显示数据库中的表

任务活动 5.3.2　Hive 的数据导入操作

本任务活动将使用 HQL 语句来实现对 Hive 的 ETL 数据导入、导出和查询操作，具体操作步骤如下。

步骤 1：在任务活动 5.3.1 中创建的 wang023 数据库中创建外部表 xinxi，该表有 name 和 score 两列，对应数据类型为 string 和 float，用 textfile 文件类存储，导入数据时要求原始数据文件以 "，" 分隔。

```
0: jdbc:hive2://hadoop-node1:10000> create external table if not exists
xinxi(name STRING,score float) ROW FORMAT DELIMITED FIELDS TERMINATED BY ','
STORED AS TEXTFILE;
```

执行结果如图 5-9 所示。

```
+-----------+
| tab_name  |
+-----------+
| xinxi     |
+-----------+
1 row selected (0.113 seconds)
```

图 5-9　建立外部表 xinxi

步骤 2：通过 hadoop-node3 节点机器在 Hadoop 根目录下建立 /data 目录，再将 hadoop-node3 节点机器 /tmp 目录下 hdfsdata.txt 文件上传到 Hadoop HDFS 的 data 目录下。

```
[root@hadoop-node3 ~]# hdfs dfs -mkdir /data
[root@hadoop-node3 ~]# hdfs dfs -put /tmp/hdfsdata.txt /data
[root@hadoop-node3 ~]# hdfs dfs -ls -R /data
```

操作结果如图 5-10 所示。

```
[root@hadoop-node3 ~]# hdfs dfs -mkdir /data
[root@hadoop-node3 ~]# hdfs dfs -put /tmp/hdfsdata.txt /data
[root@hadoop-node3 ~]# hdfs dfs -ls -R /data
-rw-r--r--   2 root supergroup        129 2023-12-25 21:09 /data/hdfsdata.txt
[root@hadoop-node3 ~]#
```

图 5-10　将 hadoop-node3 节点机器文件上传到 Hadoop HDFS 中

步骤 3：在 hadoop-node2 节点机器的 beeline 客户端下将 Hadoop 集群 data 目录下的 hdfsdata.txt 数据导入到步骤 1 建立的 xinxi 表中。

```
0: jdbc:hive2://hadoop-node1:10000> LOAD DATA INPATH '/data/hdfsdata.txt'
INTO TABLE xinxi;
```

步骤 4：显示导入的 Hadoop HDFS 数据，命令如下。

```
0: jdbc:hive2://hadoop-node1:10000> select * from xinxi;
```

步骤 3 和步骤 4 操作后的结果如图 5-11 所示。

步骤 5：在 hadoop-node2 节点机器的 beeline 客户端下，将 hadoop-node1 节点机器 /tmp 本地目录下的 localdata.txt 数据导入到步骤 1 建立的 xinxi 表中。

```
0: jdbc:hive2://hadoop-node1:10000> LOAD DATA LOCAL INPATH
'/tmp/localdata.txt' INTO TABLE xinxi;
```

```
+-------------+-------------+
| xinxi.name  | xinxi.score |
+-------------+-------------+
| maming      | 103.52      |
| WANGligang  | 79.52       |
| CHENGming   | 80.04       |
| YANgang     | 100.78      |
| zhouting    | 100.54      |
| wanghao     | 88.24       |
| zhuming     | 92.87       |
| chenhujiu   | 110.84      |
+-------------+-------------+
8 rows selected (4.515 seconds)
```

图 5-11　从 Hadoop HDFS 上导入数据

步骤 6：显示导入的数据，命令如下。

```
0: jdbc:hive2://hadoop-node1:10000> select * from xinxi;
```

此时 xinxi 表的数据由 hadoop-node1 的本地数据 localdata.txt 和 Hadoop HDFS 上的 hdfsdata.txt 数据叠加构成(后导入者显示在前)，结果如图 5-12 所示。

```
+-------------+-------------+
| xinxi.name  | xinxi.score |
+-------------+-------------+
| maming      | 103.52      |
| WANGligang  | 79.52       |
| CHENGming   | 80.04       |
| YANgang     | 100.78      |
| zhouting    | 100.54      |
| wanghao     | 88.24       |
| zhuming     | 92.87       |
| chenhujiu   | 110.84      |
| wangh       | 123.52      |
| ligang      | 99.85       |
| xieming     | 85.63       |
| yugang      | 100.84      |
| xietao      | 97.63       |
| wanghu      | 78.99       |
| zhouming    | 80.98       |
| chengdu     | 124.21      |
+-------------+-------------+
16 rows selected (1.9 seconds)
```

图 5-12　从 hadoop-node1 节点机器上导入本地数据

任务活动 5.3.3　导入 HBase 数据到 Hive

本任务活动将 HBase 数据导入到 Hive 的外部表中，并查询显示。具体操作步骤如下。

步骤 1：导入本书项目 4 在 HBase 中建立的 family 表，数据内容如图 5-13 所示。

```
hbase:014:0> scan 'family'
ROW                    COLUMN+CELL
 04012                 column=binfo:age, timestamp=2023-12-25T23:32:04.473, value=21
 04012                 column=binfo:name, timestamp=2023-12-25T23:31:47.750, value=zhangsan
 04012                 column=other:college, timestamp=2023-12-25T23:32:55.777, value=CQCMC
 04012                 column=other:mobile, timestamp=2023-12-25T23:33:21.983, value=13352417485
 04013                 column=binfo:age, timestamp=2023-12-25T23:34:35.982, value=20
 04013                 column=binfo:name, timestamp=2023-12-25T23:34:55.749, value=Lilinglin
 04013                 column=other:college, timestamp=2023-12-25T23:34:19.815, value=SCVC
 04013                 column=other:mobile, timestamp=2023-12-25T23:33:46.902, value=13500419512
2 row(s)
Took 0.0856 seconds
hbase:015:0>
```

图 5-13　项目 4 的 family 表数据

根据图 5-13 的数据格式和内容可将其转换为表 5-3 的样式。

表 5-3 family 数据表

RowKey	binfo		other	
	name	age	college	mobile
04012	zhangsan	21	CQCMC	13352417485
04013	lilinglin	20	SCVC	13500419512

步骤 2：参照表 5-3 在 hadoop-node2 节点机器上 beeline 里创建名为 family 的外部表，且会自动将 HBase 数据导入。命令代码如下。

```
0: jdbc:hive2://hadoop-node1:10000> create external table family(seqid string,name string,age int,college string,mobile string) stored by 'org.apache.hadoop.hive.hbase.HBaseStorageHandler' with serdeproperties('hbase.columns.mapping'=':key,binfo:name,binfo:age,other:college,other:mobile')tblproperties('hbase.table.name' = 'family');
0: jdbc:hive2://hadoop-node1:10000> show tables;
```

图 5-14 表示 Hive 服务端上 family 外部表建立成功。

图 5-14 建立 family 外部表

步骤 3：查询将 HBase 的 family 表数据导入到 Hive 的外部表 family 后的数据，命令如下。

```
0: jdbc:hive2://hadoop-node1:10000> select * from family;
```

结果如图 5-15 所示。

```
+--------------+--------------+-------------+----------------+-----------------+
| family.seqid | family.name  | family.age  | family.college | family.mobile   |
+--------------+--------------+-------------+----------------+-----------------+
| 04012        | zhangsan     | 21          | CQCMC          | 13352417485     |
| 04013        | lilinglin    | 20          | SCVC           | 13500419512     |
+--------------+--------------+-------------+----------------+-----------------+
2 rows selected (3.507 seconds)
```

图 5-15 Hive 导入 HBase 数据

【任务验证】

本任务活动无须做任务验证。

【任务评估】

本任务的评估如表 5-4 所示，请根据工作任务实践情况进行评估。

表 5-4　自我评估与项目小组评价

任务名称						
小组编号			场地号		实施人员	
自我评估与同学互评						
序　号	评估项		分　值	评估内容		自我评价
1	任务完成情况		30	按时、按要求完成任务		
2	学习效果		20	学习效果达到学习要求		
3	笔记记录		20	记录规范、完整		
4	课堂纪律		15	遵守课堂纪律，无事故		
5	团队合作		15	服从组长安排，团队协作意识强		
自我评估小计						
任务小结与反思：通过完成上述任务，你学到了哪些知识或技能？						
组长评价：						

工作任务 5.4　Hive 常见异常处理与维护

【任务描述】

通过本工作任务的实施，总结 Hive 集群搭建时异常的常用处理方法及 Hive 集群日常维护管理的工作内容，主要包括配置文件错误、Hive 服务进程启动失败和日常维护与管理。

Hive 常见异常处理与维护(微课)

【任务分析】

要实现本工作任务，首先，要了解 Hadoop 平台与 Hive 生态圈架构；其次，需要理解 Hive 核心组件的工作原理；再次，在项目搭建过程中，要认真和分析总结 Hive 搭建与配置过程中常见的错误及解决办法；最后，根据工作场景，了解 Hive 日常维护与管理的工作内容。通过本工作任务的实施，达到具备 Hive 异常处理的基本能力及日常维护与管理的基本能力。

【任务准备】

准备好工作任务 5.2 已配置并验证完成的 Hive 集群的 hadoop-node1、hadoop-node2、hadoop-node3 三台节点机器。

【任务实施】

任务活动 5.4.1　Hive 搭建异常处理

本任务活动将对 Hive 集群搭建过程中常见的问题及异常处理方法进行总结。

(1) 配置文件错误。配置文件错误可能会导致很多问题，如 Hive 启动报错无法运行、Hive 无法初始化等。在运行命令的时候，有时会在命令行直接报错，根据错误提示查找定位到配置文件的错误地方，并进行修复。

(2) Hive 与 MySQL 兼容报错。此类错误主要体现在，在 Hive 的 shell 状态下能 show databases 和 create database，但 create table 时报错，出现此类原因基本是 Hive 与 MySQL 编码不一致。建议修改配置 hive-site.xml 的 <value>jdbc:mysql://hadoop-node1:3306/hive?createDatabaseIfNotExist=rue&useUnicode=true&characterEncoding=latin1</value> 的最后字符集为 latin1，然后重启 Hive。

(3) 启动 Hive 时 MySQL 赋予权限失败。启动 Hive 时出现 MySQL 赋予权限失败主要是因为安装配置 MySQL 后没有给予远程授权。进入 MySQL 执行如下两条命令，可以解决该问题。

```
set global validate_password_policy=LOW;
set global validate_password_length=6;
```

任务活动 5.4.2　Hive 集群日常维护

本任务活动将对 Hive 集群日常维护方法进行总结。

(1) SQL 问题。根据 Hive 的执行机制，如果遇到 SQL 出现问题，首先查看日志，然后根据日志提示出现问题的层面进行处理。解决此类问题，需要有一些 Hive SQL 基础知识，根据抛出异常的时间来区分是 SQL 层面的问题，还是执行引擎层面的问题：如果 SQL 开始执行的一两秒内即出现异常，基本都是 SQL 层面的问题；如果开始执行比较长时间才出现异常，则基本都是执行引擎层面的问题。

另外，运维需要了解 Hive 特有的机制，如 map 端连接、分区、分桶、map 端聚合等，以及 explain 等语句的用法。

(2) Hive 运维的另一项重要工作是元数据管理。虽然 Hive 元数据出现问题的概率较低，但出现问题后果比较严重。

与 Hive 元数据相关的主要服务有两个：一是元数据数据库(用于储存元数据)，分为本地/内置的元数据库(Derby)和远程元数据库(利用其他支持的关系型数据库)；二是元数据服务器(用于提供元数据查询服务，响应修改请求)，分为本地/内置的元数据服务器和远程元数据服务器。

要做好元数据管理，需要定期使用 MySQL 的主从或主主复制，实时同步数据或定期备份。

(3) 元数据库升级。不同版本 Hive 间元数据库的 schema 是不一致的，升级 Hive 时很重要的一步是升级元数据库。Hive 自带一个 schematool 工具，可以执行元数据库相关的各种运维操作。

【任务验证】

本任务活动无须做任务验证。

【任务评估】

本任务的评估如表 5-5 所示，请根据工作任务实践情况进行评估。

表 5-5　自我评估与项目小组评价

任务名称					
小组编号		场地号		实施人员	
自我评估与同学互评					
序　号	评 估 项	分　值	评估内容	自我评价	
1	任务完成情况	30	按时、按要求完成任务		
2	学习效果	20	学习效果达到学习要求		
3	笔记记录	20	记录规范、完整		
4	课堂纪律	15	遵守课堂纪律，无事故		
5	团队合作	15	服从组长安排，团队协作意识强		
自我评估小计					

任务小结与反思：通过完成上述任务，你学到了哪些知识或技能？

组长评价：

项目工作总结

【工作任务小结】

通过本项目工作任务的实施完成 Hive 大数据仓库平台构建,根据场景的工作内容,需掌握 Hive 集群安装与配置、常用 HQL 命令操作与 Hive 的日常维护等内容。

请根据本项目工作任务的实施内容,在工作任务的任务分析、任务准备、任务实施、任务验证及任务评估这一工作流程实施过程中,从遇到的问题、解决办法,以及收获和体会等方面认真总结,并形成总结报告。

【举一反三能力】

(1) 通过查阅资料并动手实践,做好 Hive 安装配置前工作任务的准备。

(2) 查阅 1+X 等"大数据平台运维"职业技能等级标准,梳理本项目工作任务的哪些技术技能与职业技能等级标准对应,比如,1+X 的职业技能等级标准初级中的"Hive 集群搭建""Hive 集群状态监控""HQL 入门"等;中级技能等级标准中的"Hive 配置优化""HQL 编程基础"等。

(3) 思考如何快速进行 Hive 集群安装与配置。

(4) Hive 官方文档:https://hive.apache.org/。

【对接产业技能】

通过本项目工作任务的实施,对接产业技能如下。

(1) 大数据仓库 Hive 系统架构常见行业应用场景。

(2) Hive 集群的安装与配置。

(3) Hive 集群的日常维护与管理。

技能拓展训练

【基本技能训练】

通过本项目工作任务的实施,请回答以下问题。

(1) Hive 集群安装与配置工作任务的任务准备、任务实施的活动及步骤有哪些?

(2) HQL 与 SQL 的共同点有哪些?

(3) Hive 大数据平台的日常维护与管理包含哪些工作内容?

【综合技能训练】

(1) 通过本项目工作任务的实施,并查找相关技术资料,在三个服务器节点机器 Linux01、Linux02、Linux03 上安装与配置 Hive 集群和 MySQL,并总结工作任务的安装与配置，以及在安装过程中遇到的问题及解决方案。

(2) 通过 HQL 编程实现访问 Hive 集群，并查询其存储与 HDFS 的关系。

项目综合评价

【评价方法】

本项目的评价采用自评、学习小组评价、教师评价相结合的方式，分别从项目实施情况、核心任务完成情况、拓展训练情况进行打分。

【评价指标】

本项目的评价指标体系如表 5-6 所示，请根据学习实践情况进行打分。

表 5-6　项目评价表

项目评价表	项目名称		项目承接人	小组编号	
	Hive 数据仓库工具搭建与操作				
项目开始时间	项目结束时间		小组成员		
评价指标		分值	评价细则	自评	小组评价	教师评价

评价指标			分值	评价细则	自评	小组评价	教师评价
项目实施情况 (20 分)	纪律 (5 分)	项目实施准备	1	准备教材、记录本、笔、设备等			
		积极思考回答问题	2	视情况得分			
		跟随教师进度	2	视情况得分			
		违反课堂纪律	0	此为否定项，如有出现，根据情况直接在总得分基础上扣 0~5 分			
	考勤 (5 分)	迟到、早退	5	迟到、早退，每项扣 2.5 分			
		缺勤	0	此为否定项，如有违反，根据情况直接在总得分基础上扣 0~5 分			

续表

评价指标			分值	评价细则	自评	小组评价	教师评价
项目实施情况(20分)	职业道德(5分)	遵守规范	3	根据实际情况评分			
		认真钻研	2	依据实施情况及思考情况评分			
	职业能力(5分)	总结能力	3	按总结的全面性、条理性进行评分			
		举一反三能力	2	根据实际情况评分			
核心任务完成情况(60分)	Hive数据仓库工具搭建与操作(40分)	MySQL离线安装	3	能理解MySQL关系数据库的概念			
			4	能在集群主机上安装MySQL			
			5	能掌握MySQL权限管理、数据操纵等			
		Hive的常用操作	4	能理解Hive的HQL与SQL的关系			
			5	能掌握Hive的HQL与HDFS的关系			
			5	能掌握常用Hive的HQL语句			
			5	能理解Hive的API的简单操作			
		Hive维护与异常管理	3	能理解Hive的主要配置项			
			3	能了解Hive常见异常			
			3	能理解Hive的日志文件内容			
	综合素养(20分)	语言表达	5	互动、讨论、总结过程中的表达能力			
		问题分析	5	问题分析情况			

续表

评价指标			分值	评价细则	自评	小组评价	教师评价
核心任务完成情况(60分)	综合素养(20分)	团队协作	5	实施过程中的团队协作情况			
		工匠精神	5	敬业、精益、专注、创新等			
拓展训练情况(20分)	基本技能与综合技能(20分)	基本技能训练	10	基本技能训练情况			
		综合技能训练	10	综合技能训练情况			
总分							
综合得分(自评20%，小组评价30%，教师评价50%)							
组长签字：				教师签字：			

项目6 某电商推荐系统大数据平台搭建案例

📖 工作场景描述

某单位的大数据项目实施需要基于虚拟化技术搭建一个基于 Linux 集群的电商推荐系统大数据平台,大数据运维工程师接到工作任务后,规划使用 Spark 框架来实现离线推荐、在线推荐和个性化推荐等核心功能。结合大数据相关组件工具 MongoDB、Redis、Kafka、Tomcat 将整个系统部署为线上服务系统,既方便小型电商公司作为商品推荐的雏形,也有利于后续升级,可提升电商企业和消费者的黏合度,达到"精准营销"的目的,还能有效地处理海量数据并从中提取有价值的信息。

📖 工作任务导航

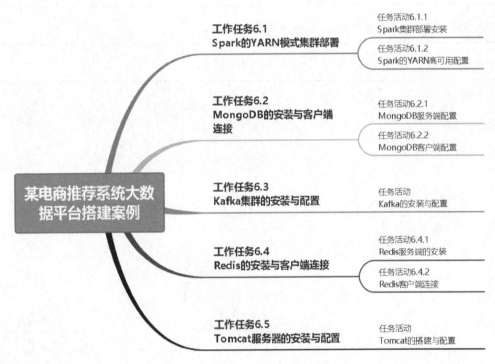

📖 项目工作目标

知识目标

掌握 Spark 与 Hadoop 的关联和 HA 配置。
掌握 MongoDB 搭建和客户端配置。

掌握 Redis 的安装编译配置和客户端连接。
掌握 Redis 的基础操作命令。
掌握 Kafka 集群的安装与配置步骤。
了解 Kafka 的生产者和消费者流程。
掌握 Tomcat 的安装与配置步骤。

技能目标

具备根据需求搭建简单电商方案的基本能力。
具备 Spark 与 Hadoop 集群环境相关配置项的能力。
具备 MongoDB 集群的安装与配置的能力。
具备 Redis 的安装与配置的能力。
具备 Tomcat 集群异常处理与维护的基本能力。

素养目标

培养注重细节、逐步完善的专注能力。
培养团队协作精神。
培养根据实际工作场景进行方案设计的素养。
培养多种软件聚合搭建的能力。

工作任务 6.1　Spark 的 YARN 模式集群部署

【任务描述】

通过本工作任务的实施，实现在 Hadoop 集群的主节点机器上进行分布式计算框架 Spark 的搭建，其主要包括安装前准备、Spark 的安装与配置、Spark shell 的验证。

Spark 的 YARN 模式
集群部署(微课)

【任务分析】

要实现本工作任务，首先，需要完成项目 3 中 Hadoop 集群 YARN HA 的搭建。其次，需要理解 Spark 和 MapReduce 的层次关系。再次，根据工作场景、工作任务内容设计集群 Spark 搭建方案。通过本工作任务的实施，完成 Hadoop 完全分布式的 Spark 搭建的配置与验证的操作过程。

【任务准备】

1. Spark 简介

Apache Spark 是一个基于内存的分布式计算框架，它提供高效、强大的数据处理和分析能力。与传统的 Hadoop MapReduce 相比，Spark 的主要优势在于能够将数据集缓存在内存中，从而大大减少了磁盘 I/O 操作，提高数据处理速度。

Spark 提供多种编程接口，如 Scala、Java、Python 和 R 等，同时还提供了交互式 shell，易于使用和快速调试。Spark 的核心是分布式的 RDD(Resilient Distributed Datasets)，它对数据进行了抽象和封装，方便对数据进行处理和管理。

Spark 还可与多种数据存储系统集成，如 Hadoop HDFS、Apache Cassandra、Amazon S 3 等。同时，Spark 还提供多种高级库和工具，如 Spark SQL、Spark Streaming、MLlib 等，方便进行数据查询、流式处理和机器学习等任务。

Spark 是专为大规模数据处理而设计的快速通用的计算引擎，广泛应用于数据处理、机器学习、实时数据处理等领域。

2. 准备好本工作任务的软件安装包

(1) spark-3.3.0-bin-hadoop3.tgz。

(2) 下载网址：https://archive.apache.org/dist/spark/。

【任务实施】

任务活动 6.1.1　Spark 集群部署安装

本任务活动将在 Hadoop 集群主节点机器 hadoop-node1 上安装配置 Spark，具体步骤如下。

步骤 1：用 wget 命令从 Spark 官网下载其软件安装包。

```
[root@hadoop-node1 ~]# cd usr/software
[root@hadoop-node1 software ~]# wget
https://archive.apache.org/dist/spark/spark-3.3.0/spark-3.3.0-bin-hadoop
3.tgz
```

步骤 2：解压 Spark 安装包到/usr/local 目录下。

```
[root@hadoop-node1 software ~]# cd /usr/local
[root@hadoop-node1 local ~]# tar -zxvf
/usr/software/spark-3.3.0-bin-hadoop3.tgz
```

步骤 3：配置 Spark 环境变量。

(1) 进入配置文件 vim /etc/profile，在原来的基础上添加以下内容。

```
export SPARK_HOME=/usr/local/spark-3.3.0-bin-hadoop3
```

并将 PATH 变量改为

```
export PATH=$JAVA_HOME/bin:$SPARK_HOME/bin:$SPARK_HOME/sbin:$HADOOP_HOME/bin:$HADOOP_HOME/sbin:$PATH
```

注意，Spark 的路径必须在 Hadoop 的路径之前。

(2) 用以下命令使配置文件生效。

```
[root@hadoop-node1 local ~]# source /etc/profile
```

步骤 4：修改 Spark 配置文件。

(1) 进入 Spark 的 conf 目录。

```
[root@hadoop-node1 local ~]# cd /usr/local/spark-3.3.0-bin-hadoop3/conf
```

(2) 拷贝以下三个模板文件。

```
[root@hadoop-node1 conf ~]# cp spark-defaults.conf.template
spark-defaults.conf
[root@hadoop-node1 conf ~]# cp spark-env.sh.template spark-env.sh
[root@hadoop-node1 conf ~]# cp workers.template workers
```

(3) 打开 spark-defaults.conf 文件,添加以下内容。

```
spark.master spark://hadoop-node1:7077
spark.serializer org.apache.spark.serializer.KryoSerializer
spark.driver.memory 1g
spark.executor.memory 1g
```

(4) 进入 spark-env.sh 文件,添加以下内容。

```
export JAVA_HOME=/usr/local/jdk1.8.0_281/
export HADOOP_HOME=/usr/local/hadoop-3.3.6
export HADOOP_CONF_DIR=/usr/local/hadoop-3.3.6/etc/hadoop
export SPARK_DIST_CLASSPATH=$(/local/hadoop-3.3.6/bin/hadoop classpath)
export SPARK_MASTER_HOST=hadoop-node1
export SPARK_MASTER_PORT=7077
```

(5) 打开 workers 文件,删除原来的全部内容,并添加以下内容。

```
hadoop-node1
hadoop-node2
hadoop-node3
```

(6) 从 hadoop-node1 节点机器上分发复制 spark 目录到 hadoop-node2 和 hadoop-node3 节点。

```
[root@hadoop-node1 conf ~]# cd /usr/local
[root@hadoop-node1 local ~]# scp -r ./spark-3.3.0-bin-hadoop3
root@hadoop-node2:/usr/local
[root@hadoop-node1 local ~]# scp -r ./spark-3.3.0-bin-hadoop3
root@hadoop-node3:/usr/local
```

任务活动 6.1.2 Spark 的 YARN 高可用配置

步骤 1:打开/usr/local/hadoop-3.3.6/etc/hadoop 下的 yarn-site.xml 文件,添加如下配置。

```
<property>
    <name>yarn.nodemanager.pmem-check-enabled</name>
    <value>false</value>
</property>
<property>
    <name>yarn.nodemanager.vmem-check-enabled</name>
    <value>false</value>
</property>
```

步骤2：从 hadoop-node1 节点机器分发修改的 Hadoop 配置到 hadoop-node2 和 hadoop-node3 节点机器上。

```
[root@hadoop-node1 conf ~]# cd /usr/local/hadoop-3.3.6/etc
[root@hadoop-node1 etc ~]# scp -r ./hadoop
root@hadoop-node2:/usr/local/hadoop-3.3.6/etc
[root@hadoop-node1 etc ~]# scp -r ./hadoop
root@hadoop-node3:/usr/local/hadoop-3.3.6/etc
```

【任务验证】

通过上述任务活动，我们完成了 Hadoop 集群 Spark HA 的搭建，接下来，对本工作任务的正确性进行验证。

1. 启动集群服务

在所有节点机器上执行以下命令，启动 ZooKeeper，并在 hadoop-node2 上启动 Hadoop 集群，使用 jps 检查结果，如图 6-1 所示。

```
[root@hadoop-node2 spark]# jps
8995 DataNode
10435 Jps
8852 NameNode
10052 NodeManager
2056 QuorumPeerMain
9258 JournalNode
2059 QuorumPeerMain
9533 DFSZKFailoverController
```

图 6-1 启动 ZooKeeper 和 Hadoop 后进程

2. 启动 Spark shell

输入以下命令，启动 Spark shell，结果如图 6-2 所示。

```
[root@hadoop-node2 spark-3.3.0-bin-hadoop3 ~]# bin/spark-shell
```

```
2023-11-25 17:02:44,767 WARN util.NativeCodeLoader: Unable to load native-hadoop library for your platform... using builtin-java classes where applicable
Setting default log level to "WARN".
To adjust logging level use sc.setLogLevel(newLevel). For SparkR, use setLogLevel(newLevel).
Spark context Web UI available at http://hadoop-node2:4040
Spark context available as 'sc' (master = local[*], app id = local-1700903003968).
Spark session available as 'spark'.
Welcome to
      ____              __
     / __/__  ___ _____/ /__
    _\ \/ _ \/ _ `/ __/  '_/
   /___/ .__/\_,_/_/ /_/\_\   version 3.1.2
      /_/

Using Scala version 2.12.10 (Java HotSpot(TM) 64-Bit Server VM, Java 1.8.0_281)
Type in expressions to have them evaluated.
Type :help for more information.

scala>
```

图 6-2 启动 Spark shell

【任务评估】

本任务的评估如表 6-1 所示，请根据工作任务实践情况进行评估。

表 6-1　自我评估与项目小组评价

任务名称					
小组编号		场地号		实施人员	
自我评估与同学互评					
序　号	评 估 项	分　值	评估内容		自我评价
1	任务完成情况	30	按时、按要求完成任务		
2	学习效果	20	学习效果达到学习要求		
3	笔记记录	20	记录规范、完整		
4	课堂纪律	15	遵守课堂纪律，无事故		
5	团队合作	15	服从组长安排，团队协作意识强		
自我评估小计					

任务小结与反思：通过完成上述任务，你学到了哪些知识或技能？

组长评价：

工作任务 6.2　MongoDB 的安装与客户端连接

【任务描述】

MongoDB 的安装与客户端连接(微课)

MongoDB 是一个基于分布式文件存储的数据库,能为 Web 应用提供可扩展的高性能数据存储解决方案。MongoDB 的设计目标是极简、灵活,并作为 Web 应用栈的一部分。

通过本工作任务的实施,实现非关系数据库中功能最丰富、最像关系数据库 MongoDB 的搭建,主要包括安装前准备、服务端配置、客户端配置与连接。

【任务分析】

要实现本工作任务,首先,需要完成项目 2 中 Hadoop 集群 HDFS HA 的搭建。其次,需要深刻理解 MongoDB 文档存储的优势。再次,根据工作场景、工作任务内容设计 MongoDB 服务端搭建方案和客户端连接。通过本工作任务的实施,完成 MongoDB 的搭建配置与验证的操作过程。

【任务准备】

1. MongoDB 介绍

MongoDB 是一个介于关系数据库和非关系数据库之间的产品,它支持的数据结构非常松散,是类似 json 的 bson 格式,因此可以存储比较复杂的数据类型。MongoDB 最大的特点是其支持的查询语言非常强大,其语法有点类似于面向对象的查询语言,几乎可以实现类似关系数据库单表查询的绝大部分功能,而且还支持对数据建立索引。

MongoDB 的三要素如下。

(1) 数据库(Database)。数据库是一个仓库,在仓库中可以存放集合。

(2) 集合(Collection)。集合类似于数组,在集合中可以存放文档。

(3) 文档(Document)。文档数据库中的最小单位,存储和操作的内容都是文档。

2. 准备好本工作任务的软件安装包

(1) 服务端:mongodb-linux-x86_64-rhel70-7.0.1.tgz。

(2) 客户端:mongodb-mongosh-1.10.6.x86_64.rpm。

【任务实施】

任务活动 6.2.1　MongoDB 服务端配置

本任务活动将在 Hadoop 集群的主节点机器 hadoop-node1 上安装与配置 MongoDB 服务

端，具体操作步骤如下。

步骤 1：进入/usr/software 目录，用 wget 命令下载 MongoDB 软件安装包 mongodb-linux-x86_64-rhel70-7.0.1.tgz，下载过程如图 6-3 所示。

```
[root@hadoop-node1 ~]# cd /usr/software
[root@hadoop-node1s software ~]# wget
https://fastdl.mongodb.org/linux/mongodb-linux-x86_64-rhel70-7.0.1.tgz
```

```
drwxr-xr-x.  9 root root      190 Nov  6  2022 ssl
[root@hadoop-node1 software]# wget https://fastdl.mongodb.org/linux/mongodb-linux-x86_64-rhel70-7.0.1.tgz
--2023-11-25 12:13:43--  https://fastdl.mongodb.org/linux/mongodb-linux-x86_64-rhel70-7.0.1.tgz
Resolving fastdl.mongodb.org (fastdl.mongodb.org)... 54.192.18.79, 54.192.18.99, 54.192.18.8, ...
Connecting to fastdl.mongodb.org (fastdl.mongodb.org)|54.192.18.79|:443... connected.
HTTP request sent, awaiting response... 200 OK
Length: 84867003 (81M) [application/gzip]
Saving to: 'mongodb-linux-x86_64-rhel70-7.0.1.tgz'

100%[======================================================================>] 84,867,003  32.2MB/s   in 2.5s

2023-11-25 12:13:46 (32.2 MB/s) - 'mongodb-linux-x86_64-rhel70-7.0.1.tgz' saved [84867003/84867003]

[root@hadoop-node1 software]# ll
total 1476748
-rw-r--r--.  1 root root 278813748 Dec 16  2022 apache-hive-3.1.2-bin.tar.gz
-rw-r--r--.  1 root root  12516362 Nov  7  2022 apache-zookeeper-3.6.3-bin.tar.gz
-rw-r--r--.  1 root root 605187279 Nov  7  2022 hadoop-3.3.1.tar.gz
-rw-r--r--.  1 root root 272332786 Dec 16  2022 hbase-2.3.6-bin.tar.gz
-rw-r--r--.  1 root root 143722924 Nov  6  2022 jdk-8u281-linux-x64.tar.gz
-rw-r--r--.  1 root root  62358954 Jun 28 09:33 kafka_2.12-2.4.1.tgz
-rw-r--r--.  1 root root  84867003 Aug 30 07:07 mongodb-linux-x86_64-rhel70-7.0.1.tgz
drwxr-xr-x.  3 root root       149 Sep  8  2019 mysql-connector-java-8.0.18
-rw-r--r--.  1 root root   3831411 Sep  8  2019 mysql-connector-java-8.0.18.tar.gz
drwxr-xr-x. 22 root root      4096 Nov  6  2022 openssl-OpenSSL_1_1_1
-rw-r--r--.  1 root root  17160238 Nov  6  2022 openssl-OpenSSL_1_1_1.zip
-rw-r--r--.  1 root root   1740967 Jun 28 20:35 redis-4.0.14.tar.gz
-rw-r--r--.  1 root root  29631649 Nov  7  2022 Securecrt_38042.rar
drwxr-xr-x.  9 root root       190 Nov  6  2022 ssl
[root@hadoop-node1 software]#
```

图 6-3 用 wget 命令下载 MongoDB 软件包

步骤 2：将/usr/software 下的 mongodb-linux-x86_64-rhel70-7.0.1.tgz 软件安装包解压到/usr/local 下。

```
[root@hadoop-node1 software ~]# cd /usr/local
[root@hadoop-node1 local ~]# tar -zxvf
/usr/software/mongodb-linux-x86_64-rhel70-7.0.1.tgz
```

步骤 3：用 mv 命令对 mongodb-linux-x86_64-rhel70-7.0.1 文件夹进行重命名。

```
[root@hadoop-node1 local ~]# mv mongodb-linux-x86_64-rhel70-7.0.1 mongodb
```

步骤 4：在 mongodb 目录下创建 data 和 logs 目录，在 logs 目录下创建 mongodb.log 文件，在 mongodb 的 bin 目录下创建 mongodb.conf 文件。

```
[root@hadoop-node1 local ~]# cd mongodb
[root@hadoop-node1 mongodb ~]# mkdir data
[root@hadoop-node1 mongodb ~]# mkdir logs
[root@hadoop-node1 mongodb ~]# touch logs/mongodb.log
[root@hadoop-node1 mongodb ~]# touch bin/mongodb.conf
```

步骤 5：打开上一步创建的 mongodb.conf 文件，并输入以下代码。

```
# mongodb 数据文件存储路径(指定数据库目录)
dbpath = /usr/local/mongodb/data
# mongodb 的日志路径(指定日志文件目录)
logpath = /usr/local/mongodb/logs/mongodb.log
# 日志使用追加代替覆盖
logappend = true
# 端口
```

```
port = 27017
# 以守护程序的方式启用，即在后台运行
fork = true
# 认证模式，此处是 true，需要设置账号和密码(下一步设置)
auth = true
# 远程连接
bind_ip = 0.0.0.0
```

步骤 6：在/etc 下的 profile 里添加 MongoDB 的 PATH 环境变量，并执行 source/etc/profile 命令，使 PATH 环境变量生效。

```
export PATH=$PATH:/usr/local/mongodb/bin
```

步骤 7：启动 MongoDB 数据库，命令如下。

```
[root@hadoop-node1 mongodb ~]# bin/mongodb -f conf/mongodb.conf
```

启动结果如图 6-4。

```
[root@hadoop-node1 mongodb]# bin/mongodb -f bin/mongodb.conf
about to fork child process, waiting until server is ready for connections.
forked process: 4616
child process started successfully, parent exiting
[root@hadoop-node1 mongodb]#
```

图 6-4 MongoDB 启动结果

任务活动 6.2.2 MongoDB 客户端配置

本任务活动将在 Hadoop 集群主节点机器 hadoop-node1 上配置 MongoDB 客户端，具体配置步骤如下。

步骤 1：用 wget 命令从官网下载 MongoDB shell 到/usr/software 目录下。

```
[root@hadoop-node1 mongodb ~]# cd /usr/software
[root@hadoop-node1 software ~]# wget
https://downloads.mongodb.com/compass/mongodb-mongosh-1.10.6.x86_64.rpm
```

步骤 2：安装 MongoDB shell 到/usr/local 目录下。

```
[root@hadoop-node1 software ~]# cd /usr/local
[root@hadoop-node1 local ~]# yum localinstall mongodb-mongosh-1.10.6.x86_64.rpm
```

安装过程如图 6-5 所示。

步骤 3：执行 mongosh 命令，启动 MongoDB 客户端，结果如图 6-6 所示。

```
[root@hadoop-node1 local ~]# mongosh
```

```
drwxr-xr-x.  9 root root       190 Nov  6  2022 ssl
[root@hadoop-node1 software]# wget https://downloads.mongodb.com/compass/mongodb-mongosh-1.10.6.x86_64.rpm
--2023-11-25 12:32:12--  https://downloads.mongodb.com/compass/mongodb-mongosh-1.10.6.x86_64.rpm
Resolving downloads.mongodb.com (downloads.mongodb.com)... 54.192.18.10, 54.192.18.48, 54.192.18.26, ...
Connecting to downloads.mongodb.com (downloads.mongodb.com)|54.192.18.10|:443... connected.
HTTP request sent, awaiting response... 200 OK
Length: 48611044 (46M) [application/octet-stream]
Saving to: 'mongodb-mongosh-1.10.6.x86_64.rpm'

100%[======================================================================>] 48,611,044  26.4MB/s   in 1.8s

2023-11-25 12:32:15 (26.4 MB/s) - 'mongodb-mongosh-1.10.6.x86_64.rpm' saved [48611044/48611044]

[root@hadoop-node1 software]# ll
total 1524220
-rw-r--r--. 1 root root 278813748 Dec 16  2022 apache-hive-3.1.2-bin.tar.gz
-rw-r--r--. 1 root root  12516362 Nov  7  2022 apache-zookeeper-3.6.3-bin.tar.gz
-rw-r--r--. 1 root root 605187279 Nov  7  2022 hadoop-3.3.1.tar.gz
-rw-r--r--. 1 root root 272332786 Dec 16  2022 hbase-2.3.6-bin.tar.gz
-rw-r--r--. 1 root root 143722924 Nov  6  2022 jdk-8u281-linux-x64.tar.gz
-rw-r--r--. 1 root root  62358954 Jun 28 09:33 kafka_2.12-2.4.1.tgz
-rw-r--r--. 1 root root  84867003 Aug 30 07:07 mongodb-linux-x86_64-rhel70-7.0.1.tgz
-rw-r--r--. 1 root root  48611044 Aug 25 02:14 mongodb-mongosh-1.10.6.x86_64.rpm
drwxr-xr-x. 3 root root       149 Sep  8  2019 mysql-connector-java-8.0.18
-rw-r--r--. 1 root root   3831411 Sep  8  2019 mysql-connector-java-8.0.18.tar.gz
drwxr-xr-x. 22 root root      4096 Nov  6  2022 openssl-OpenSSL_1_1_1
-rw-r--r--. 1 root root  17160238 Nov  6  2022 openssl-OpenSSL_1_1_1.zip
-rw-r--r--. 1 root root   1740967 Jun 28 20:35 redis-4.0.14.tar.gz
-rw-r--r--. 1 root root  29631649 Nov  7  2022 Securecrt_38042.rar
drwxr-xr-x. 9 root root       190 Nov  6  2022 ssl
[root@hadoop-node1 software]# cd /usr/local
[root@hadoop-node1 local]# yum localinstall /usr/software/mongodb-mongosh-1.10.6.x86_64.rpm
Loaded plugins: fastestmirror, langpacks
Examining /usr/software/mongodb-mongosh-1.10.6.x86_64.rpm: mongodb-mongosh-1.10.6-1.el8.x86_64
Marking /usr/software/mongodb-mongosh-1.10.6.x86_64.rpm to be installed
Resolving Dependencies
--> Running transaction check
---> Package mongodb-mongosh.x86_64 0:1.10.6-1.el8 will be installed
--> Finished Dependency Resolution
base/7/x86_64                                                               | 3.6 kB  00:00:00
extras/7/x86_64                                                             | 2.9 kB  00:00:00
updates/7/x86_64                                                            | 2.9 kB  00:00:00

Dependencies Resolved

================================================================================
 Package              Arch        Version             Repository          Size
================================================================================
Installing:
 mongodb-mongosh      x86_64      1.10.6-1.el8        /mongodb-mongosh-1.10.6.x86_64      188 M

Transaction Summary
================================================================================
Install  1 Package

Total size: 188 M
```

图 6-5 MongoDB 客户端安装过程

```
[root@hadoop-node1 local]# mongosh
Current Mongosh Log ID: 656179bc34786bb206e9d353
Connecting to:          mongodb://127.0.0.1:27017/?directConnection=true&serverSelectionTimeoutMS=2000&appName=mongosh+1.10.6
Using MongoDB:          7.0.1
Using Mongosh:          1.10.6

For mongosh info see: https://docs.mongodb.com/mongodb-shell/

To help improve our products, anonymous usage data is collected and sent to MongoDB periodically (https://www.mongodb.com/legal/privacy-policy).
You can opt-out by running the disableTelemetry() command.

Warning: Found ~/.mongorc.js, but not ~/.mongoshrc.js. ~/.mongorc.js will not be loaded.
  You may want to copy or rename ~/.mongorc.js to ~/.mongoshrc.js.
test>
```

图 6-6 MongoDB 客户端

【任务验证】

通过任务活动 6.2.1 和 6.2.2，我们完成了 MongoDB 服务端和客户端的安装与配置，接下来，我们通过客户端对本工作任务的正确性进行验证。

1. 启动 MongoDB 客户端

执行 mongosh 命令，启动 MongoDB 客户端。

```
[root@hadoop-node1 mongodb ~]# mongosh
```

2. MongoDB 测试

启动 MongoDB 的客户端后，在 MongoDB 的 shell 里依次按行输入下列命令。

```
test> show dbs
test> use my_test
```

出现如图 6-7 所示的结果，说明 MongoDB 的服务端和客户端均配置成功。

```
[root@hadoop-node1 mongodb]# mongosh
Current Mongosh Log ID: 65617b2a4540fc877f2884af
Connecting to:          mongodb://127.0.0.1:27017/?directConnection=true&serverSelectionTimeoutMS=2000&appName=mongosh+1.10.6
Using MongoDB:          7.0.1
Using Mongosh:          1.10.6
mongosh 2.1.0 is available for download: https://www.mongodb.com/try/download/shell

For mongosh info see: https://docs.mongodb.com/mongodb-shell/

Warning: Found ~/.mongorc.js, but not ~/.mongoshrc.js. ~/.mongorc.js will not be loaded.
  You may want to copy or rename ~/.mongorc.js to ~/.mongoshrc.js.
test> show dbs

test> use my_test
switched to db my_test
my_test>
```

图 6-7　MongoDB 测试结果

【任务评估】

本任务的评估如表 6-2 所示，请根据工作任务实践情况进行评估。

表 6-2　自我评估与项目小组评价

任务名称					
小组编号		场地号		实施人员	
自我评估与同学互评					
序　号	评估项	分　值	评估内容		自我评价
1	任务完成情况	30	按时、按要求完成任务		
2	学习效果	20	学习效果达到学习要求		
3	笔记记录	20	记录规范、完整		
4	课堂纪律	15	遵守课堂纪律，无事故		
5	团队合作	15	服从组长安排，团队协作意识强		
自我评估小计					
任务小结与反思：通过完成上述任务，你学到了哪些知识或技能？					
组长评价：					

工作任务 6.3 Kafka 集群的安装与配置

【任务描述】

本工作任务主要内容为 Hadoop 生态圈的 Kafka 消息组件，包括 Kafka 的主要组件、安装配置、消息机制等。其中，Kafka 的消息机制是建立在消息生产者与消费者模型之上。因此在 Kafka 应用中，需要设置消息的生产者与消息的消费者，其中 Topic、消息的生产者、消息的消费者的创建是本工作任务的重点内容。

Kafka 集群的安装与配置(微课)

【任务分析】

要实现本工作任务，首先，需要完成 Kafka 的搭建。其次，需要深刻理解 Kafka 的 Producer、Consumer 通过 Broke 进行消息传送的机制。再次，根据工作场景、工作任务内容设计 Kafka 的 Topic 消息主题。通过本工作任务的实施，完成 Hadoop 完全分布式的 Kafka 的搭建、配置与验证的操作过程。

【任务准备】

1. Kafka 简介

Kafka 以多台服务器组成一个集群，集群中的每台服务器称为代理(Broker)，集群中的 Broker 数量越多，集群对消息的吞吐率越高。Kafka 以 ZooKeeper 作为监管系统，如果集群中的某个 Broker 发生故障，其他 Broker 会接管其工作，来确保集群能连续工作。

Kafka 的组件有以下几个。

(1) Producer：消息的生产者，负责发布消息到 Broker。

(2) Consumer：消息的消费者，负责从 Broker 中读取消息。

(3) Topic：消息的主题，也称为消息类别。消息被组织并持久地存储在 Topic 中，Topic 类似于文件系统中的文件夹，消息就是文件夹中的文件。Kafka 集群可以同时处理多个 Topic 的分发。

Kafka 的具体工作模型如图 6-8 所示。

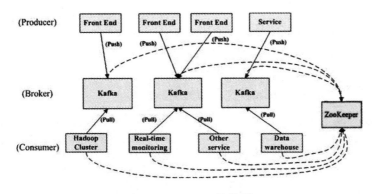

图 6-8 Kafka 工作模型

2. 准备好本工作任务的软件安装包

软件安装包：kafka_2.12-2.4.1.tgz。

【任务实施】

任务活动　Kafka 的安装与配置

通过本工作任务的实施，实现 Kafka 的搭建，了解 Kafka 消息源实时获取数据流的主要形式，主要包括发布(写)和订阅(读)消息；验证内容包括启动 Kafka 进程、创建主题、发送消息和接收消息等。

本任务活动将通过 Hadoop 集群主节点机器 hadoop-node1 完成 Kafka 的搭建，具体操作步骤如下。

步骤 1：检查 CentOS 环境是否需要更新软件包。

```
[root@hadoop-node1 ~]# sudo apt-get update
```

步骤 2：将 Kafka 下载到/usr/software 目录下。

从 Kafka 的官方网站(https://kafka.apache.org/downloads)选择一个二进制文件版本进行下载，并保存到/usr/software 目录下。

步骤 3：将下载的 Kafka 压缩包解压到/usr/local 目录下，命令如下。

```
[root@hadoop-node1 local ~]# tar -xzf /usr/software/kafka_2.12-2.4.1.tgz
```

步骤 4：进入 Kafka 目录，测试基本状态和版本信息，命令如下。

```
[root@hadoop-node1 local ~]# cd kafka_2.12-2.4.1
[root@hadoop-node1 kafka_2.12-2.4.1 ~]# bin/kafka-topics.sh --version
```

执行上述命令后，如果能够显示 Kafka 的版本信息，则表示 Kafka 已经成功解压了。

步骤 5：修改 Kafka/config 目录下的配置文件 server.properties。

重点关注 server.properties 文件的以下参数。

- broker.id：每个 Kafka 服务都需要指定一个唯一的 broker.id。
- listeners：Kafka 监听的地址和端口号，可以指定多个，以逗号分隔。默认情况下，Kafka 监听的地址是本机 IP 地址。
- log.dirs：Kafka 存储消息日志的路径。
- zookeeper.connect：ZooKeeper 的连接地址，可以指定多个，并以逗号分隔。如果安装了多个 ZooKeeper，建议指定多个连接地址，以提高可用性。

下面是本集群在 server.properties 文件中的全部配置。

```
# The id of the broker. This must be set to a unique integer for each broker.
broker.id=1
listeners=PLAINTEXT://hadoop-node1:9@92
num.network.threads=12
num.io.threads=24
socket.send.buffer.bytes=102460
```

```
socket.receive.buffer.bytes=162468
socket.request.max.bytes=184857600
log.dirs=/usr/local/kafka 2.12-2.4.1/logs
num.partitions=3
num.recovery.threads.per.data.dir=12
offsets.topic.replication.factor-3
transaction.state.log.replication.factor=3
transaction.state.log.min.isr=3
og.retention.hours=168
log.seement.bytes=1873741824
log.retention.check.interval.ms38908
zookeeper.connect-hadoop-node1:218138
#zockeeperconnect=hadoop-node1:2181,hadoop-node2:2181,hadoop-node3:21813
9zookeeper.connection.timecut.ms=18008
group.initial.rebalance.delay.ms=@
```

【任务验证】

完成 Hadoop 集群主节点机器 hadoop-node1 上的 Kafka 的搭建后，我们将对 Kafka 的搭建进行正确性验证。

1. 启动 Kafka 服务

启动 Kafka 服务，命令如下。

```
[root@hadoop-node1 kafka_2.12-2.4.1 ~]# bin/kafka-server-start.sh config/server.properties
```

Kafka 服务启动结果如图 6-9 所示，其已开始监听指定地址和端口号。

```
[root@hadoop-node1 kafka_2.12-2.4.1]# bin/kafka-server-start.sh config/server.properties
[2023-11-25 11:32:26,216] INFO Registered kafka:type=kafka.Log4jController MBean (kafka.utils.Log4jControllerRegistration$)
[2023-11-25 11:32:29,316] INFO Registered signal handlers for TERM, INT, HUP (org.apache.kafka.common.utils.LoggingSignalHandler)
[2023-11-25 11:32:29,317] INFO starting (kafka.server.KafkaServer)
[2023-11-25 11:32:29,320] INFO Connecting to zookeeper on hadoop-node1:2181,hadoop-node2:2181,hadoop-node3:2181 (kafka.server.KafkaServer)
[2023-11-25 11:32:29,452] INFO [ZooKeeperClient Kafka server] Initializing a new session to hadoop-node1:2181,hadoop-node2:2181,hadoop-node3:2181. (kafka.zookeeper.ZooKeeperClient)
[2023-11-25 11:32:29,475] INFO Client environment:zookeeper.version=3.5.7-f0fdd52973d373ffd9c86b81d99842dc2c7f660e, built on 02/10/2020 11:30 GMT (org.apache.zookeeper.ZooKeeper)
[2023-11-25 11:32:29,475] INFO Client environment:host.name=hadoop-node1 (org.apache.zookeeper.ZooKeeper)
[2023-11-25 11:32:29,475] INFO Client environment:java.version=1.8.0_281 (org.apache.zookeeper.ZooKeeper)
```

图 6-9 启动 Kafka 服务

2. 创建 Kafka 主题

在 Kafka 中，消息通过主题(Topic)进行分类和存储。本任务将创建一个名为 test 的主题，其中，replication-factor 参数指定副本数，partitions 参数指定分区数。在实际环境中，建议将副本数设置为 2 或 3，以提高可用性。

运行以下命令，结果如图 6-10 所示。

```
[root@hadoop-node1 kafka_2.12-2.4.1 ~]# bin/kafka-topics.sh --create --zookeeper hadoop-node1:2181 --replication-factor 1 --partitions 1 --topic test
```

```
[root@hadoop-node2 kafka_2.12-2.4.1]# bin/kafka-topics.sh --create --zookeeper hadoop-node1:2181 --replication-factor 1 --partitions 1 --topic test
Created topic test.
```

图 6-10　创建 Kafka 消息主题

3. 发送和接收消息

(1) 发送消息。输入以下命令：

```
[root@hadoop-node1 kafka_2.12-2.4.1 ~]# bin/kafka-console-producer.sh --broker-list hadoop-node1:9092 --topic test
```

然后在命令行中输入消息 hi, hello，按回车键发送。运行结果如图 6-11 所示。

```
[root@hadoop-node2 kafka_2.12-2.4.1]# bin/kafka-console-producer.sh --broker-list hadoop-node1:9092 --topic test
>hi,hello
>
```

图 6-11　发送消息

(2) 接收消息。输入以下命令：

```
[root@hadoop-node1 kafka_2.12-2.4.1 ~]# bin/kafka-console-consumer.sh --bootstrap-server hadoop-node1:9092 --topic test --from-beginning
```

其中，from-beginning 参数表示从最早的消息开始接收。运行结果如图 6-12 所示。

```
[root@hadoop-node3 kafka_2.12-2.4.1]# bin/kafka-console-consumer.sh --bootstrap-server hadoop-node1:9092 --topic test --from-beginning
hi,hello
```

图 6-12　接收消息

【任务评估】

本任务的评估如表 6-3 所示，请根据工作任务实践情况进行评估。

表 6-3　自我评估与项目小组评价

任务名称						
小组编号			场地号		实施人员	
自我评估与同学互评						
序　号	评 估 项		分　值	评估内容		自我评价
1	任务完成情况		30	按时、按要求完成任务		
2	学习效果		20	学习效果达到学习要求		
3	笔记记录		20	记录规范、完整		
4	课堂纪律		15	遵守课堂纪律，无事故		
5	团队合作		15	服从组长安排，团队协作意识强		
自我评估小计						

任务小结与反思：通过完成上述任务，你学到了哪些知识或技能？

组长评价：

工作任务 6.4　Redis 的安装与客户端连接

【任务描述】

通过本工作任务的实施，实现 Redis(remote dictionary server，远程字典服务)服务端的搭建和客户端连接，服务端的搭建主要包括安装、编译、分布式主从同步等配置；客户端连接包括连接终端选择和测试方式。

Redis 的安装与
客户端连接(微课)

【任务分析】

要实现本工作任务，首先，需要了解 Redis 的特性。其次，需要深刻理解键值对结构，以及 value 可以存储很多的数据类型的工作原理。再次，根据工作场景、工作任务内容学会 Redis 服务端的搭建和客户端连接方法。通过本工作任务的实施，完成 Redis 客户端连接与验证的操作过程。

【任务准备】

1. Redis 简介

Redis 是最流行的 NoSQL(Not Only SQL)数据库，性能十分优越，其性能远超关系型数据库，可以支持每秒十万级的读/写操作，并且支持集群、分布式、主从同步等配置，理论上可以无限扩展节点。它还支持一定的事务处理能力，保证高并发场景下数据的安全性和一致性。

Redis 已成为信息技术大型系统的标配，熟练掌握 Redis 成为开发、运维人员的必备技能。

2. Redis 的主要优点

(1) 数据类型丰富。其支持 Strings、Lists、Hashes、Sets 及 Ordered Sets 数据类型操作。

(2) 原子操作。所有的操作都是原子性的，同时 Redis 还支持对几个操作合并后的原子性执行。

(3) 功能丰富。其提供了对缓存淘汰策略、发布定义、lua 脚本、简单事务控制、管道技术等的功能特性支持。

3. 准备好本工作任务的软件安装包

软件安装包：redis-stable.tar.gz。

【任务实施】

任务活动 6.4.1　Redis 服务端的安装

本任务活动将在 Hadoop 集群的主节点机器 hadoop-node1 上安装 Redis 服务端，具体操作步骤如下。

步骤 1：用 wget 命令从官网下载最新的源码包，保存到/usr/software 目录下。

```
root@hadoop-node1 software ~]# wget
https://download.redis.io/redis-stable.tar.gz
```

步骤 2：执行以下命令解压源码包后，进入 redis-stable 目录。

```
[root@hadoop-node1 software ~]# cd /usr/local
[root@hadoop-node1 local ~]# tar -zxvf /usr/software/redis-stable.tar.gz
[root@hadoop-node1 local ~]# cd redis-stable
```

步骤 3：执行 make 命令进行源码编译。

```
[root@hadoop-node1 redis-stable ~]# make
```

编译时间大概需要几分钟，将看到如下输出日志。

```
Hint: It's a good idea to run 'make test';
make[1]: Leaving directory '/usr/local/redis-stable/src'
```

同时，在 src 目录中会生成几个新的 Redis 二进制文件。

其中，redis-server 代表 redis 服务本身的可执行程序；redis-cli 是 redis 提供的命令行工具，用于和 Redis 服务端进行交互。

步骤 4：编译成功后，继续在源码根目录下执行 make install 命令，将 Redis 服务安装到目录 usr/local 下。

```
[root@hadoop-node1 redis-stable ~]# make install
```

安装过程中会得到如下反馈信息。

```
cd src && make install
Hint: It's a good idea to run 'make test';
INSTALL redis-server
INSTALL redis-benchmark
INSTALL redis-cli
make[1]: Leaving directory '/usr/local/redis-stable/src'
```

步骤 5：执行如下命令启动 Redis 服务端，结果如图 6-13 所示。

```
[root@hadoop-node1 redis-4.0.14 ~]# src/redis-server
```

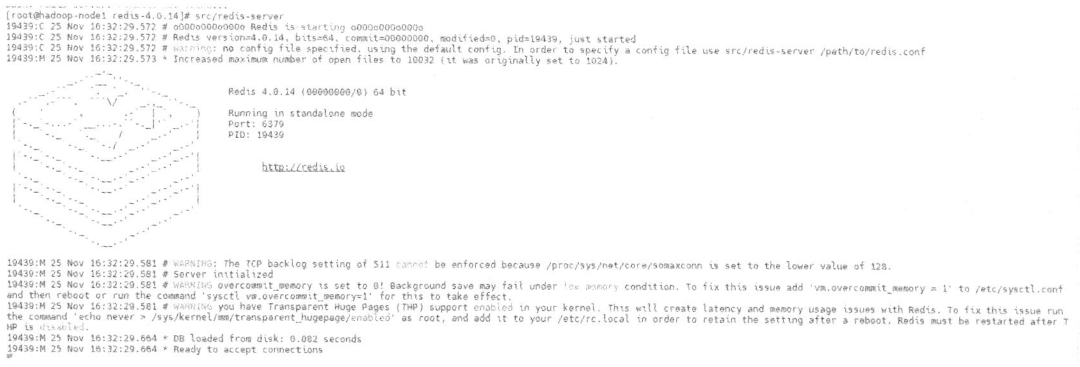

图 6-13 启动 Redis 服务端

任务活动 6.4.2　Redis 客户端连接

本任务活动将在 hadoop-node1 节点机器上进行 Redis 客户端连接配置，具体操作步骤如下。

步骤 1：执行以下命令，使用 Redis 自带的命令行工具连接，结果如图 6-14 所示。

```
[root@hadoop-node1 redis-4.0.14 ~]# src/redis-cli -h hadoop-node1 -p 6379
```

```
[root@hadoop-node1 redis-4.0.14]# src/redis-cli -h hadoop-node1 -p 6379
hadoop-node1:6379> set hello world
OK
hadoop-node1:6379> get hello
"world"
hadoop-node1:6379>
```

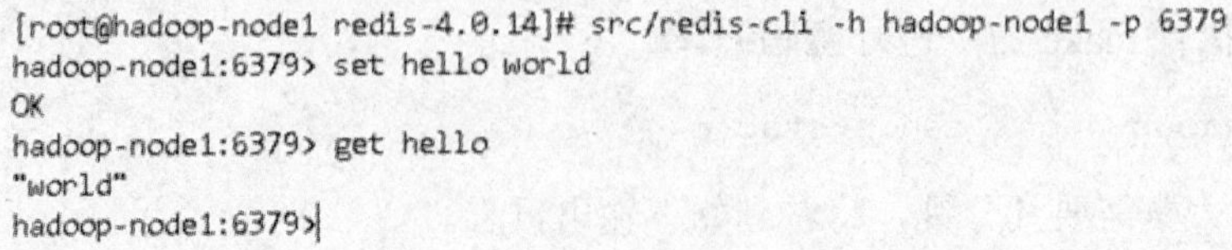

图 6-14　Redis 自带命令连接

步骤 2：执行以下命令，重新打开一个 Linux 终端。

```
[root@hadoop-node1 redis-4.0.14 ~]# src/redis-cli -h 127.0.0.1 -p 6379
```

执行命令后结果如图 6-15 所示。

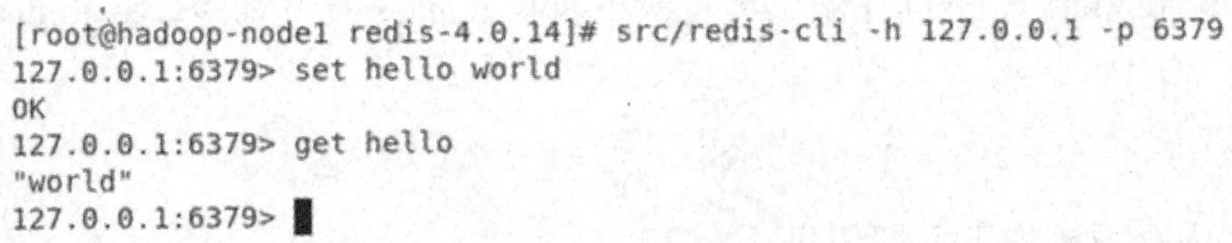

```
[root@hadoop-node1 redis-4.0.14]# src/redis-cli -h 127.0.0.1 -p 6379
127.0.0.1:6379> set hello world
OK
127.0.0.1:6379> get hello
"world"
127.0.0.1:6379>
```

图 6-15　Redis 命令重开终端连接

上面的操作成功连接到了 Redis 服务端，并且使用 set 命令设置了一个 key 名为 hello、value 是 world 的键值对。

步骤 3：执行上述步骤后，服务器上将同时存在一个 Redis 服务端进程和一个 Redis 客户端连接进程。可以继续通过下面的命令查询进程状态。

```
[root@hadoop-node1 ~]# ps -ef|grep redis
```

其进程状态信息如下：

```
root 21739 1 0 14:28 ? 00:00:00 redis-server *:6379
root 22007 21982 0 14:33 pts/0 00:00:00 redis-cli -h 127.0.0.1 -p 6379
# Redis 客户端进程
root 22143 22121 0 14:35 pts/2 00:00:00 grep --color=auto redis
```

【任务验证】

本任务活动无须做任务验证。

【任务评估】

本任务的评估如表 6-4 所示，请根据工作任务实践情况进行评估。

表 6-4　自我评估与项目小组评价

任务名称					
小组编号		场地号		实施人员	
自我评估与同学互评					
序　号	评 估 项	分　值	评估内容		自我评价
1	任务完成情况	30	按时、按要求完成任务		
2	学习效果	20	学习效果达到学习要求		
3	笔记记录	20	记录规范、完整		
4	课堂纪律	15	遵守课堂纪律，无事故		
5	团队合作	15	服从组长安排，团队协作意识强		
自我评估小计					

任务小结与反思：通过完成上述任务，你学到了哪些知识或技能？

组长评价：

工作任务 6.5 Tomcat 服务器的安装与配置

【任务描述】

通过本工作任务的实施,实现 Tomcat 轻量级应用服务器的搭建,主要包括 Tomcat 安装前准备、Tomcat 配置、Tomcat 的验证;验证内容包括启动 Tomcat 服务和 Tomcat 的 Web 测试。

Tomcat 服务器的
安装与配置(微课)

【任务分析】

要实现本工作任务,首先,需要了解 CentOS 系统自带的服务。其次,需要理解 Tomcat 的工作原理及架构。再次,根据工作任务内容完成 Tomcat 的安装与配置。通过本工作任务的实施,完成 Tomcat 搭建、配置与验证的操作过程。

【任务准备】

1. Tomcat 简介

Tomcat 是 Apache 软件基金会(Apache Software Foundation)的一个核心项目,其技术先进,性能稳定。

Tomcat 服务器是一个免费的开放源代码的 Web 应用,属于轻量级应用服务器,在中小型系统和并发访问用户不是很多的场合下被普遍使用,是开发和调试 JavaScript 程序的首选。当在一台机器上配置好 Apache 服务器后,可利用它响应 HTML(标准通用标记语言下的一个应用)页面的访问请求。

另外,Tomcat 设计了两个核心组件连接器(Connector)和容器(Container)来处理 Socket 连接,负责网络字节流与 Request 和 Response 对象的转化,加载和管理 Servlet,以及处理 Request 请求。连接器负责对外交流,容器负责内部处理。Tomcat 的核心功能架构如图 6-16 所示。

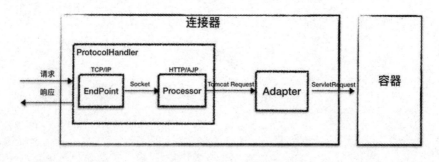

图 6-16 Tomcat 核心功能架构

2. 准备好本工作任务的软件安装包

软件安装包:apache-tomcat-9.0.83.tar.gz。

【任务实施】

任务活动　Tomcat 的搭建与配置

本任务活动将在 JDK 8 环境下搭建 Tomcat 9，具体操作步骤如下。

步骤 1：执行以下命令，解压 Tomcat 安装包到/usr/local 目录下，解压过程如图 6-17 所示。

```
[root@hadoop-node1 local ~]#cd /usr/local
[root@hadoop-node1 local ~]# tar -zxvf /usr/software/apache-tomcat-9.0.83.tar.gz
```

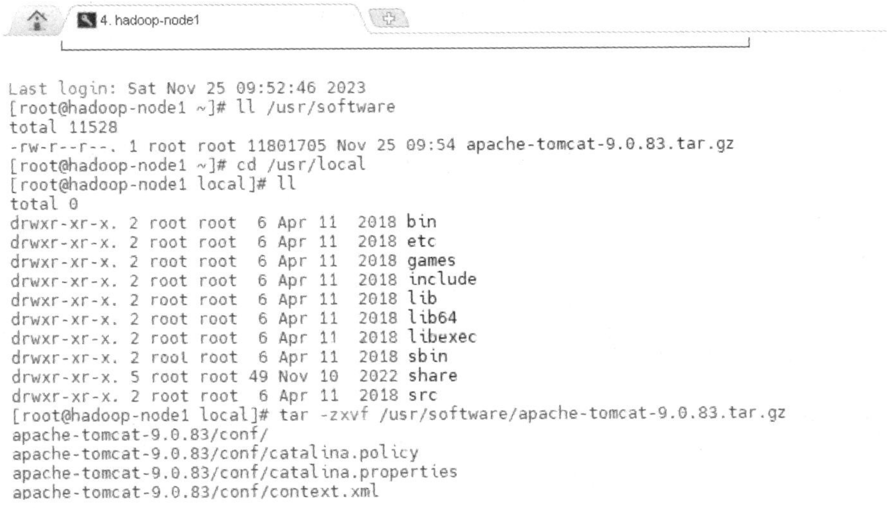

图 6-17　Tomcat 的解压过程

步骤 2：执行以下命令，将 apache-tomcat-9.0.83 重命名为 tomcat。

```
[root@hadoop-node1 local ~]# mv apache-tomcat-9.0.83 tomcat
```

步骤 3：执行以下命令，打开/etc 下的 profile 文件，配置 Tomcat 环境变量。

```
[root@hadoop-node1 local ~]# vi /etc/profile
```

增加下面三行内容。

```
export CATALINA_HOME=/usr/local/tomcat
export CATALINA_BASE=/usr/local/tomcat
export PATH=$PATH:$CATALINA_HOME/bin
```

刷新环境变量，命令如下。

```
[root@hadoop-node1 local ~]# source /etc/profile
```

操作结果如图 6-18 所示。

步骤 4：设置 Tomcat 编码。若要 Tomcat 支持中文字符，需要将 Tomcat 服务器编码配置为 UTF-8。方法为：打开 tomcat 安装目录下的 conf/server.xml 文件，将 8080 端口的 <connector></connector> 标签中设置成 URIEncoding="UTF-8"(大约在第 69 行处)。

```
Last login: Sat Nov 25 09:53:48 2023 from 192.168.72.1
[root@hadoop-node1 ~]# echo $PATH
/usr/local/sbin:/usr/local/bin:/usr/sbin:/usr/bin:/usr/jdk:/usr/jdk/bin:/usr/hadoop:/usr/hadoop/bin:/usr/hadoop/sbin:/usr/hbase:/usr/hbase/bin:/usr/
hive:/usr/hive/bin:/usr/eclipse:/usr/mysql:/usr/mysql/bin:/usr/thrift:/usr/zk:/usr/zk/bin:/usr/local/apache-tomcat-9.0.83:/usr/local/apache-tomcat-9
.0.83:/usr/local/apache-tomcat-9.0.83:/usr/local/apache-tomcat-9.0.83/bin:/root/bin
[root@hadoop-node1 ~]# startup.sh
Using CATALINA_BASE:   /usr/local/apache-tomcat-9.0.83
Using CATALINA_HOME:   /usr/local/apache-tomcat-9.0.83
Using CATALINA_TMPDIR: /usr/local/apache-tomcat-9.0.83/temp
Using JRE_HOME:        /usr/jdk
Using CLASSPATH:       /usr/local/apache-tomcat-9.0.83/bin/bootstrap.jar:/usr/local/apache-tomcat-9.0.83/bin/tomcat-juli.jar
Using CATALINA_OPTS:
Tomcat started.
[root@hadoop-node1 ~]#
```

图 6-18 配置 Tomcat 环境变量

【任务验证】

通过本任务活动的实施,我们完成了 Tomcat 的搭建、安装与配置,接下来进行本工作任务正确性的验证。

1. 启动 Tomcat

执行以下命令,在节点机器 hadoop-node1 的 tomcat/bin 目录下启动 Tomcat。

```
[root@hadoop-node1 bin ~]# startup.sh
```

出现以下信息说明 Tomcat 启动成功。

```
Using CATALINA_BASE:    /usr/local/tomcat
Using CATALINA_HOME:    /usr/local/tomcat
Using CATALINA_TMPDIR:  /usr/local/tomcat/temp
Using JRE_HOME:         /usr/java/jdk1.7.0_80
Using CLASSPATH:        /usr/local/tomcat/bin/bootstrap.jar:/usr/local/tomcat/bin/tomcat-juli.jar
Tomcat started.
```

2. 检验 Tomcat 的 Web 运行

在浏览器中输入地址 http://192.168.72.101:8080,如果出现如图 6-19 所示的界面,则表明 Tomcat 运行正常。

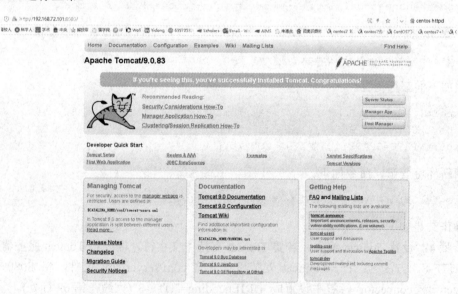

图 6-19 Tomcat 的 Web 界面

3. 停止 Tomcat

使用下列命令停止 Tomcat 服务。

```
[root@hadoop-node1 ~]# /usr/local/tomcat/bin/shutdown.sh
```

【任务评估】

本任务的评估如表 6-5 所示，请根据工作任务实践情况进行评估。

表 6-5 自我评估与项目小组评价

任务名称					
小组编号		场地号		实施人员	
自我评估与同学互评					
序 号	评 估 项	分 值	评估内容		自我评价
1	任务完成情况	30	按时、按要求完成任务		
2	学习效果	20	学习效果达到学习要求		
3	笔记记录	20	记录规范、完整		
4	课堂纪律	15	遵守课堂纪律，无事故		
5	团队合作	15	服从组长安排，团队协作意识强		
自我评估小计					
任务小结与反思：通过完成上述任务，你学到了哪些知识或技能？					
组长评价：					

项目工作总结

【工作任务小结】

本项目工作任务是实现一个简易的大数据平台的商品推荐系统,根据项目的工作内容,读者需掌握 Spark、Kafka、Redis、MongoDB 和 Tomcat 等软件的集群搭建。

每项工作任务在实施过程中的步骤不完全一样,会遇到不同的问题,还会有不同的解决办法,请认真总结各方面的收获,并形成总结报告。

【举一反三能力】

(1) 通过查阅资料并动手实践,完成通过大数据生态圈 Hadoop 来搭建电商系统架构。

(2) 查阅 1+X 等"大数据平台运维"职业技能等级标准,梳理本项目工作任务的哪些技术技能与职业技能等级标准对应,比如:1+X 的职业技能等级标准初级中的"Spark 运行状态监控""Kafka 信息流程""Redis 端口监控"等;中级技能等级标准中的"Spark 优化""Tomcat 配置优化""Spark 集群节点并行处理"等。

(3) 通过查阅资料并结合本项目工作任务的实践,思考不同领域的大数据应用系统会关联到哪些不同的相关软件。

【对接产业技能】

通过本项目工作任务的实施,对接产业技能如下。
(1) 典型行业推荐系统案例应用场景。
(2) 根据电商行业项目需求初步设计其系统的需求和配置方案。
(3) Spark 的 YARN HA 集群配置。
(4) Tomcat 的 Web 服务日常维护与管理。

技能拓展训练

【基本技能训练】

通过本项目工作任务的实施,请回答以下问题。
(1) 常见电商推荐系统的安装与配置工作任务中的主要软件和步骤有哪些?
(2) 访问 Redis 常用的命令有哪些?在电商推荐系统中的作用是什么?
(3) Spark 的 YARN HA 环境搭建与配置的具体步骤有哪些?
(4) 电商推荐平台的日常维护与管理包含哪些工作内容?

【综合技能训练】

(1) 通过本项目工作任务的实施,并查找相关技术资料,在三个服务器节点机器 Linux01、Linux02、Linux03 上搭建基于 Hadoop 集群的电商推荐平台,并总结工作任务的安装与配置，以及在安装过程中遇到的问题及解决方案。

(2) 通过该电商推荐平台的搭建，列举各软件在平台上的作用及功能。

项目综合评价

【评价方法】

本项目的评价采用自评、学习小组评价、教师评价相结合的方式，分别从项目实施情况、核心任务完成情况、拓展训练情况进行打分。

【评价指标】

本项目的评价指标体系如表 6-6 所示，请根据学习实践情况进行打分。

表 6-6 项目评价表

项目评价表	项目名称		项目承接人	小组编号
	某电商推荐系统大数据平台搭建案例			
项目开始时间	项目结束时间		小组成员	

评价指标			分值	评价细则	自评	小组评价	教师评价
项目实施情况（20 分）	纪律（5 分）	项目实施准备	1	准备教材、记录本、笔、设备等			
		积极思考回答问题	2	视情况得分			
		跟随教师进度	2	视情况得分			
		违反课堂纪律	0	此为否定项，如有出现，根据情况直接在总得分基础上扣 0~5 分			
	考勤（5 分）	迟到、早退	5	迟到、早退，每项扣 2.5 分			
		缺勤	0	此为否定项，如有违反，根据情况直接在总得分基础上扣 0~5 分			

续表

评价指标			分值	评价细则	自评	小组评价	教师评价
项目实施情况(20分)	职业道德(5分)	遵守规范	3	根据实际情况评分			
		认真钻研	2	依据实施情况及思考情况评分			
	职业能力(5分)	总结能力	3	按总结的全面性、条理性进行评分			
		举一反三能力	2	根据实际情况评分			
核心任务完成情况(60分)	某电商推荐系统大数据平台搭建案例(40分)	Spark 的 YARN 模式集群部署	3	能理解 SPARK 的 YARN 模式概念			
			4	能搭建 SPARK 的 YARN 模式			
		MongoDB 的安装与客户端连接	5	能安装 MongoDB 服务端			
			4	能连接 MongoDB 客户端			
		Kafka 集群的安装与配置	5	能掌握 Kafka 的特征			
			5	能掌握 Kafka 安装和配置			
		Redis 的安装与客户端连接	5	能安装 Redis 服务端			
			3	能连接 Redis 客户端			
		Tomcat 服务器的安装与配置	3	能理解 Apache、Httpd 和 Tomcat 的关系			
			3	能安装与配置 Tomcat			

续表

评价指标			分值	评价细则	自评	小组评价	教师评价
核心任务完成情况(60分)	综合素养(20分)	语言表达	5	互动、讨论、总结过程中的表达能力			
		问题分析	5	问题分析情况			
		团队协作	5	实施过程中的团队协作情况			
		工匠精神	5	敬业、精益、专注、创新等			
拓展训练情况(20分)	基本技能与综合技能(20分)	基本技能训练	10	基本技能训练情况			
		综合技能训练	10	综合技能训练情况			
总分							
综合得分(自评20%，小组评价30%，教师评价50%)							
组长签字：				教师签字：			

参 考 文 献

[1] 汪忆，周沁. 大数据技术概论[M]. 北京：清华大学出版社，2023.

[2] 工业和信息化部. "十四五"大数据产业发展规划[Z]. 2021-11-15.

[3] 时允田，林雪纲. Hadoop 大数据开发案例教程与项目实战[M]. 北京：人民邮电出版社，2017.

[4] 肖睿，丁科，吴刚山. 基于 Hadoop 与 Spark 的大数据开发实战[M]. 北京：人民邮电出版社，2018.

[5] 刘雯，王文兵. Hadoop 应用开发基础[M]. 北京：人民邮电出版社，2019.

[6] 安俊秀，靳宇倡，郭英. Hadoop 大数据处理技术基础与实践：微课版[M]. 2 版. 北京：人民邮电出版社，2023.

[7] 林子雨. 大数据技术原理与应用[M]. 4 版. 北京：人民邮电出版社，2024.

[8] 童杰，冉孟廷，陈阳. 大数据集群搭建维护与数据存储[M]. 上海：上海交通大学出版社，2022.